XIANSHI SHENGWU
SHENGHUO YINGYONG

现实生物
生活应用

主编 熊映波 字 发

云南科技出版社
·昆明·

图书在版编目（CIP）数据

现实生物生活应用 / 熊映波，字发主编. -- 昆明 ：
云南科技出版社，2025. -- ISBN 978-7-5587-6077-8

Ⅰ．Q-49

中国国家版本馆 CIP 数据核字第 2024VX6654 号

现实生物生活应用
XIANSHI SHENGWU SHENGHUO YINGYONG

熊映波　字　发　主编

出 版 人：温　翔
责任编辑：赵　敏
整体设计：长策文化
责任校对：秦永红
责任印制：蒋丽芬

书　　号：ISBN 978-7-5587-6077-8
印　　刷：昆明亮彩印务有限公司
开　　本：787mm×1092mm　1/16
印　　张：8.5
字　　数：150千字
版　　次：2025年5月第1版
印　　次：2025年5月第1次印刷
定　　价：58.00元

出版发行：云南科技出版社
地　　址：昆明市环城西路609号
电　　话：0871-64192481

编委会

顾　问：李再友

主　编：熊映波　字　发

副主编：刘　敏　邓美英　王秀玲
　　　　陆　燕　付文东　汤　伟

FOREWORD
前 言

　　新课程和新高考背景下，生物学教学以发展学生学科核心素养为宗旨。对生命观念、科学思维、科学探究、社会责任的落实与考查是中学生物学教学的重要方向。在科技飞速发展的今天，生物学在科学研究领域备受重视，且与社会生活的联系日益紧密，对人类生活的影响也愈发深远。从餐桌上的食品安全，到突发事件的急救措施；从全球范围内的传染病防控，到全球生态问题的治理改善；从现代农业生产的高质量发展，到医学技术的研究进步，都离不开生物学知识，同样，这些领域的突破也在不断丰富着生物学知识。生物科学与现实生活紧密联系，生物科学产生的深远影响与广泛应用，已然成为推动社会进步的重要力量。

《现实生物生活应用》一书包括"健康生活""急救措施""传染病与防控""社会热点中的生物学问题""动物福利""外来生物入侵与防控""地方特色动植物研究"七个模块，范围广泛，内容丰富，可满足多方面的学习需求。

　　本书不仅是对生物科学在现实生活中应用的呈现，更力求将生物学知识与社会生活紧密结合。旨在帮助青少年掌握与生活有关的生物学知识，拓展知识视野，培养青少年对生物学科的学习兴趣和对现实生活的关心，认识自己、关注身边的事物，帮助青少年形成正确的健康观念，掌握必要的急救知识，形成敬畏生命，热爱生活，热爱国家的情感价值观。

　　希望《现实生物生活应用》的出版，不仅能提升学生的生物学学科核心素养，也能提升公众对日常生活中生物学知识的认识，让更多的人深入地了解生物科学在现代社会中的重要作用与意义，增进自己的健康意识和提高急救能力，主动积极关注和参与社会热点问题，为保障人类和动植物的共同福祉贡献自己的力量，最终深入理解生物科学在现代社会中的重要作用和意义。

CONTENTS
目 录

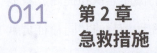

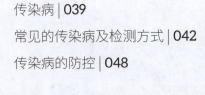

第 1 章
健康生活

2023年7月28日，第31届世界大学生夏季运动会在四川成都举办，这是一场青春之赛，是属于青年的盛会。运动会向世界展示了成都的魅力与美好，运动的目的在于健康生活，健康是个人的事情，也是国家的大战略，现代化的最重要指标是人民健康，这是人民幸福生活的基础。体育强则中国强，体育兴则国运兴，广泛开展全民健康生活，加强青少年体育工作，促进群众体育和竞技体育全面发展，从建设体育强国到建设健康中国。健康是如此地重要，我们青少年要怎么做呢？

吃洁净的食物，
过丰富的生活，
做最好的自己，
爱真实的人们。

学校卫生

生活中我们常听到"卫生"一词，卫生是指人们在生活、工作和学习中，通过一系列的措施和行为，保持身体健康、预防疾病、创造清洁和安全的环境。学校是青少年学习和生活的地方，维护好学校的卫生，有利于我们的身心健康，也是我们养成健康的行为习惯和提升自我健康管理能力的一个重要方面。

个人卫生

个人卫生是个人的外在形象，一个干净、整洁的形象，能给人留下深刻的印象，有利于人际交往。个人卫生应做到：早、晚坚持洗脸和刷牙，保证口腔卫生，避免出现龋齿和牙周疾病。其中牙周疾病是危害人类口腔和全身健康的主要口腔疾病，牙菌斑和牙石是引起牙周疾病的主要因素。另外，勤洗澡、勤换衣物，可以有效减少微生物和有害物质给皮肤带来的伤害。不干净的衣物、被褥要及时清洗晾晒，防止微生物滋生。不随地吐痰，不乱丢垃圾，积极打扫卫生，物品摆放要整齐。

如何才能养成良好的卫生习惯？这需要我们在日常生活中加强自我管理，从生活中的每一个细节做起。

环境卫生

一个干净整洁的校园环境，会带给我们美好的情绪感受。一些植物不仅可以美化环境，还起到净化空气的作用。教室和宿舍里可以选择一些净化能力强的植物，比如：绿萝、芦荟等可以吸收环境中的甲醛。

日常学习、生活中，产生的个人垃圾要及时处理，要减少塑料袋的使用，选择绿色、低碳、环保的生活方式，减少自己的生态足迹，从而减少因个人行为导致的环境污染。比如：出行时选择使用共享单车和乘坐公共汽车，外出就餐时将剩余食物打包带回。

整洁的环境，让人心情愉悦，有利于身心健康。学校环境卫生，需要学校师生共同维护。保持学校环境卫生，也是校园文明的一种体现。

饮食卫生

人们常说"病从口入"。生活中，做好饮食卫生，能减少非必要的病原体感染。过期食品中的微生物增加，会使食物品质降低，甚至产生一些有害物质；多食甜食会导致人体糖类摄入增多，容易导致肥胖；碳酸饮料富含二氧化碳，会降低人体对钙的吸收，影响消化系统的微生物菌群；食物要加工熟透，

食堂餐饮

不熟的食物可能含有致病菌或病原体，我们应该少吃或不吃生食。

购买商品时，选择合格的产品，注意商品保质期。青少年要有饮食卫生的意识，饮食卫生是保障身体健康的重要方面之一。

与社会的联系

《中华人民共和国食品安全法》第五十七条规定，学校等集中用餐单位的食堂应当严格遵守法律、法规和食品安全标准；从供餐单位订餐的，应当从取得食品生产经营许可的企业订购，并按照要求对订购的食品进行查验。供餐单位应当严格遵守法律、法规和食品安全标准，当餐加工，确保食品安全。

🔍 课外实践

体验花卉植物种植

花卉对校园的美化有重要作用，可以净化空气、美化环境，让我们的生活变得更加美好。校园环境的维护需要每个人的参与，通过种植花卉植物，体会劳动的辛苦，懂得付出才有收获。根据个人兴趣，成立活动小组，撰写活动方案；通过查阅资料，选择合适的植物，并做好种植过程的记录。

💬 讨论

1.在花卉种植的过程中需要注意什么问题？

2.应选择什么样的植物种植，和同学们进行分享。

心理健康和精神卫生

青少年处于身心快速成长的阶段，当身体的变化与自己的认知不同步时，容易出现一些心理问题。我们要正确认识这些变化，积极面对困扰，采取有效方式解决问题。

心理健康

心理健康是健康的重要组成部分。心理健康是指心理的各个方面及活动过程都处于一种良好或正常的状态。心理健康表现在喜学喜问、情感丰富、情绪开朗、行为活泼且有一定的自我控制能力，合群、乐群，能适应集体生活，能与同伴友好相处。在生活中，我们会遇到各种困难和挫折，会对我们造成一定的困扰。面对困扰，我们要看到自己的长处和能力，克服自卑，树立自信，学会调控情绪，学会悦纳自己。

青少年要正确认识各种心理现象，分清积极和消极、乐观和悲观、自尊和虚荣等不同心理品质，并以正向的心态去面对出现的问题。平时积极参加团体活动，在活动中多与人交流、交往；对生活要充满自信，以积极的心态去面对生活；与人交往，尊重他人。在生活中，关心、爱护家人和同学、朋友，拥有一个和谐的家庭和良好的社会人际关系，能让我们面对挫折时更加勇敢。

📖 资料分析

> 2022年11月发布的《全国未成年人互联网使用情况研究报告》显示，截至2021年，我国未成年网民规模达1.91亿，未成年人互联网普及率达96.8%。未成年人认为自己非常依赖或比较依赖互联网的比例为19.5%，未成年人经常在网上聊天的比例为53.4%。同时，有关研究表明，每天使用社交媒体超过3小时的青少年患抑郁症、焦虑症的概率比正常人高2倍。

💬 讨论

1. 为什么青少年长期使用社交媒体，患抑郁症、焦虑症的概率更高？
2. 当我们出现焦虑、紧张或心理压力大时，可采用什么方式缓解？

精神卫生

世界卫生组织认为，精神卫生是指一种健康状态。在这种状态中，每个人都能够认识到自身潜力，能够适应正常的生活压力，能够有成效地工作。当前社会，人们因工作、生活、学习压力过大，产生的精神卫生问题已严重影响到人们的正常生活。

不良情绪是一种负能量，若不能适当地释放，容易影响身心健康。在面对压力和困难时，我们要学会用合理、合适的方法进行缓解。比如，保证一定的运动量和充足的睡眠，可利用呼吸放松法缓解、放松（呼吸放松法是指缓慢并深深地吸气、呼气），注意节拍和速度，对于缓解焦虑有很好的作用。当自己有消极情绪时，要及时纠正自己的认知偏差，提醒自己，把注意力转移到有积极意义的事情上去，心情自然豁然开朗。

青少年要掌握必要的心理知识，面对压力和挫折，能积极调整自己的心理状况。当自己不能自我调控时，要积极寻求老师、家人、朋友、专业医师的帮助，通过心理健康教育、咨询、治疗、危机干预等方式，最终恢复正常的生活。青少年的健康成长事关家庭幸福、社会稳定和国家未来，需要学校、家庭和社会多方面的努力。

与社会的联系

世界精神卫生日是世界精神病协会在1992年发起的，时间是每年的10月10日。创设目的是提高公众对精神卫生问题的认识，促进对精神疾病进行更公开的讨论，鼓励人们在预防和治疗精神疾病方面进行学习、投资。2024年的主题是"共建共治共享，同心健心安心"。

健康的生活方式

　　健康对于我们每个人都是非常重要的。健康是指一个人在身体、精神和社会等方面都处于良好的状态。传统的健康观是"无病即健康"，现代人的健康观是整体健康。世界卫生组织提出"健康不仅是躯体没有疾病，还要具备心理健康、社会适应良好和道德健康"。

心理沙盘

睡眠

　　生活中，我们因各种原因，如学习和生活压力等，导致不按时吃饭和休息，熬夜和不规律饮食，造成身体出现各种各样的问题。

　　良好的睡眠对于身体的恢复是至关重要的。熬夜会导致体内激素分泌紊乱，身体内分泌失调，经常熬夜还会导致身体免疫力低下，增加罹患各种疾病的风险，从而影响到正常的学习和生活。现代人熬夜的因素有很多，其中一个就是自制力不够，比如对手机娱乐没有有效的管控，长时间用手机刷视频、玩网络游戏，导致眼部疲劳，出现眼部疾病甚至颈椎病，同时，由于大脑过于兴奋，还会导致无法入睡而影响睡眠。

奔波的外卖员

人们所从事的各种体力和脑力劳动只有在觉醒的状态下才能进行，人的精力和体力需要睡眠才能得到恢复。睡眠能增强人体免疫，促进生长和发育，提高学习与记忆能力，且有助于情绪的稳定。保持充足的睡眠，是身体健康的保障之一。

膳食

现实生活中，高糖、高脂、高盐、高热量饮食，使人们出现营养过剩的问题，也使心脑血管疾病、糖尿病等慢性疾病呈现增长的趋势。我们要避免暴饮暴食，注重合理膳食，在保证合理能量的摄入下，有效地控制体重，可降低心脑血管等疾病的发病率。合理膳食还可以帮助我们提高身体的免疫力。

人体必需营养物质有40余种，其中蛋白质、脂质、糖类、核酸、无机盐和水六类物质最重要，这些均需从食物中获得。对青少年来说，一日三餐，按时就餐，增加新鲜蔬菜、奶类、全谷、大豆的摄入量，适量吃鱼、禽、蛋、瘦肉，足量饮水，养成良好的饮食习惯，是重要的健康生活方式之一。同时，要远离抽烟、酗酒等不良生活习惯，这些会对我们的健康造成伤害。

运动

　　生命在于运动。长期的体育锻炼，能给人带来健康的身体、愉悦的心情，能有效提高机体的免疫力，能提高大脑记忆和处理信息的能力，其中团队运动还能提高自己的社会适应能力。运动分为有氧运动和无氧运动，有氧运动包括慢跑、骑自行车、登山、网球、羽毛球、篮球等活动；无氧运动包括举重、跳绳、俯卧撑、深蹲、引体向上等。

　　在学校里，我们要保证每天都有适量的运动，并根据自身情况，选择适合自己的运动项目，注意运动强度，建议每天运动不少于1小时。运动可提高身体的心肺功能，促进血液循环，增强消化系统的功能，提高免疫力，减少患病。运动还可以让人远离焦虑，改善情绪，有效地缓解压力。多去户外，享受阳光，感受新鲜空气和欣赏美丽景色。坚持运动，体会不一样的美好生活。

与社会的联系

　　从2009年起，每年的8月8日，是我国的全民健身日。设立全民健身日旨在满足人民群众对体育运动的需求，促进全民健身活动的开展，进一步发挥体育的综合功能和社会效应，丰富社会体育文

城市运动雕塑

化生活，促进人的全面发展。这是促进中国从体育大国向体育强国目标迈进的需要，也是对北京奥运会的最好纪念。

第 **2** 章
急救措施

　　每年9月的第2个星期六被定为"世界急救日"，国际组织希望通过这个纪念日，呼吁世界各国重视急救知识的普及，让更多的人掌握急救技能，在发生意外情况时，能积极有效地开展现场自救与互救，从而赢得抢救时机、减轻病痛，甚至挽回生命。

　　近些年，我国每年发生心脏性猝死的人数超过50万例，突发心脏骤停，若1分钟之内开始心肺复苏，3～5分钟内进行心脏除颤，存活率可达50%～70%，若错过最佳抢救时间，即使有幸生还，脑细胞也会不可逆性受损。如果我们掌握了急救知识，就可以与死神竞速。那么，生活中，我们应该了解并掌握哪些基本的急救知识呢？

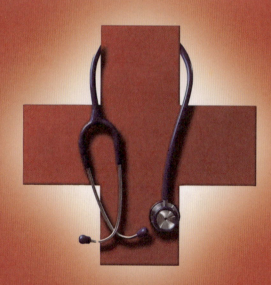

　　对于心脏骤停病人的抢救时间都是以分钟来计算的，我一直期盼着，当有人突发心搏骤停时，第一目击者能够采取正确的救援方式救援。生命"救"在身边！

——中国医学救援协会会长李宗浩

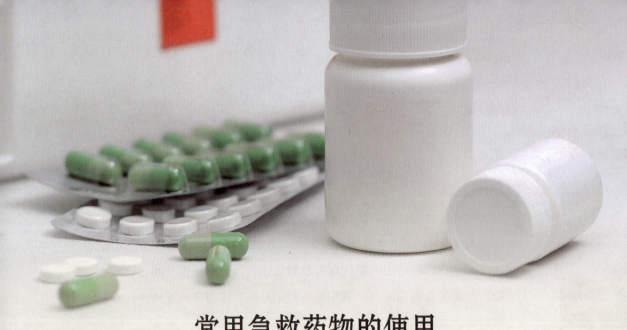

常用急救药物的使用

日常生活中难免会发生一些意外伤害，掌握一些常见的急救方法，正确使用急救药物，可减轻受伤病人的疼痛感，争取到最佳营救时间和机会，甚至可以挽救生命。让我们一起来认识常用急救药物以及使用急救药物时的注意事项。

药物分类

根据药品品种、规格、适应证、剂量及给药途径不同，对药品分别按处方药与非处方药进行管理。处方药必须凭执业医师或执业助理医师处方才可调配、购买和使用，并有医嘱要求，其标志为Rx；非处方药不需要凭执业医师或执业助理医师处方即可自行判断、购买和使用，适于一般患者根据自己的患病情况按照药品标签和说明自行判断和使用，其标志为OTC（over the counter），OTC药品投放市场前，都已经过多年的临床检验，因此OTC药品的特点是安全、有效、方便、经济。

非处方药又分为甲类非处方药和乙类非处方药，分别标有红色和绿色背景的OTC标记。甲类OTC（红色）：只能在有《药品经营许可证》且配备执业药师或药师以上技术人员的社会药店和医疗机构药房零售的非处方药。甲类非处方药须在药店在执业药师或药师指导下购买和使用。乙类OTC（绿色）：除了社会药店和医疗机构药房外，还可在经过批准的普通零售商业企业零售。乙类非处方药安全性更高，无须医师或药师的指导就可以购买和使用。

OTC标记的药物

急救药品

某些紧急情况下用以缓解患者症状的药物称为急救药品。常用的急救药品根据用途有如下种类。

常见急救药品的种类及功能

药品用途	药品种类
退烧药	①非甾体类消炎、退烧药：复方氨基比林、酚麻美敏、安乃近、布洛芬等； ②甾体类（糖皮质激素）：地塞米松、氢化可的松等； ③其他：柴胡、板蓝根注射液等
镇痛药	①非麻醉性镇痛药品：布洛芬、阿司匹林等主要用于关节疼痛、发烧、感冒等；曲马多等主要用于缓解术后疼痛； ②麻醉性镇痛药品：盐酸哌替啶、芬太尼等，主要用于治疗癌症，止痛效果较强，但长期使用易成瘾； ③抗胆碱类：阿托品、消旋山莨菪碱等，主要用来缓解胃肠道痉挛
止痉药	苯巴比妥、异戊巴比妥等

续表

药品用途	药品种类
抗惊厥药	司可巴比妥、硫喷妥钠、安定等
治疗癫痫大发作药	苯妥英钠、卡马西平、丙戊酸钠等
心搏骤停复苏药	肾上腺素、阿托品、利多卡因、碳酸氢钠、地塞米松、葡萄糖酸钙等
休克时用升压药	①扩容药； ②血管活性药：多巴胺、肾上腺素、去甲肾上腺素、甲氧明、间羟胺、酚妥拉明等
呼吸中枢兴奋剂	尼可刹米、洛贝林、氨茶碱等
强心剂	①洋地黄类：去乙酰毛花苷、毒毛花苷K、地高辛； ②非洋地黄类正性肌力药物：多巴酚丁胺等
治疗昏迷伴抽搐药	水合氯醛、苯巴比妥钠
治疗昏迷伴呼吸浅、慢药	咖啡因、呼吸中枢兴奋剂
治疗深昏迷药	醒脑静注射液、纳洛酮等中枢神经兴奋剂
迅速降压药	①噻嗪类：呋塞米、双氢克尿噻、丁脲胺等； ②肾上腺能受体阻断剂：酚妥拉明、拉贝洛尔、阿罗洛尔等； ③转换酶抑制剂：卡托普利、依那普利、贝那普利、培哚普利； ④钙通道阻滞剂：维拉帕米、硝苯地平、尼群地平、尼莫地平等； ⑤动静脉扩张剂：硝普钠； ⑥静脉扩张剂：硝酸甘油类等； ⑦血管扩张剂：二氮嗪、肼屈嗪、长压啶等； ⑧影响交感神经递质传递：利舍平、胍乙啶等； ⑨中枢性降压药：可乐定、甲基多巴等； ⑩神经节阻断：美卡拉明

续表

药品用途	药品种类
抗心律失常药	①钠通道阻滞药：可以选择性地阻滞钠通道，从而改善心律失常，代表药物有普鲁卡因胺、美西律片、苯妥英钠片等； ②β肾上腺受体阻断药：代表药物为普萘洛尔片、美托洛尔片、阿替洛尔片等，能改善心肌缺血，增强心脏功能； ③钾通道阻断药：可以阻断钾通道，延长心脏复极过程，代表药物有索他洛尔片、盐酸胺碘酮片等； ④钙拮抗药：可以阻断钙通道，抑制钙离子内流，代表药物有维拉帕米片、地尔硫䓬片
抗心绞痛药	硝酸甘油、单硝酸异山梨酯等
抗过敏药	盐酸西替利嗪、氯雷他定
解毒药	阿托品用于有机磷中毒以及急性毒蕈碱中毒的解毒，氯解磷定主要用于农药杀虫剂中毒的解毒

安全用药

　　安全用药就是根据病人的病情、体质和药物的作用等选择药物的品种，以适当的方法、剂量和时间准确用药，充分发挥药物的最佳效果，尽量减少药物对人体所产生的不良影响或危害。

药品说明书

» 用药注意事项

　　无论是处方药还是非处方药，在用药时都应仔细阅读药品说明书，保证安全用药。用药时应避免的几个误区："越多越好""越贵越好""中药无副作用"等。

» 家庭药箱常备药物

1.感冒药

感冒灵颗粒、感康、氨酚黄那敏胶囊等。

家庭用药急救箱

2.解热镇痛类药物

最常用的有阿司匹林胶囊、布洛芬缓释片、对乙酰氨基酚片等。

3.胃肠道用药

如果长期饮食不当，或者经常抽烟喝酒等，都可能导致胃部组织出现炎症或损伤的情况，会出现胃痛、反酸及胃胀等症状。可以在家里储备多酶片、奥美拉唑肠溶胶囊、多潘立酮片及蒙脱石散等调理胃肠道的药物。

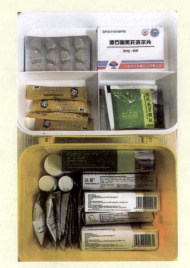

家用药箱

4.抗过敏类药物

部分人群可能会对外界的花粉、环境及食物等产生过敏，所以还应该储备抗过敏的药物。常用抗过敏的药物有氯雷他定片、西替利嗪片等。

5.其他

体温计、碘酒、创可贴、医用消毒棉签、纱布、烫伤药、云南白药等。家中有患高血压、糖尿病和冠心病的老年人，除储备常规降压、降糖药品外，还需储备硝苯地平片、二甲双胍、硝酸甘油片、速效救心丸等。

家用药箱储备小贴士

🔖 药物分门别类放置在一个药箱中。

🔖 药物要放在阴凉处，避免阳光直射，避免受潮，避免受挤压。

🔖 药物的标签和说明书必须要保持完整、清晰。

🔖 隔一段时间对药物进行检查，及时更换过期药物。

🔖 药箱应放在儿童拿不到的地方，以防儿童误服。

🔖 药箱不能上锁，以免紧急情况下不能及时使用。

🔖 对于一些毒性较大的药物需要单独放置，防止误服。

煤气中毒后的自救与互救

一氧化碳中毒俗称煤气中毒，是指含碳物质不完全燃烧产生无色、无味、无刺激的窒息性气体一氧化碳，经呼吸道吸入机体后与血红蛋白结合，使血红蛋白丧失携氧能力和作用，从而引起机体不同程度的缺氧表现，造成以中枢神经系统功能损害为主的多脏器病变，严重者可能危及生命。

炭火取暖

不同程度煤气中毒的常见症状

按中毒程度分类	轻度中毒	中度中毒	重度中毒
血液中的碳氧血红蛋白浓度	10%~20%	30%~40%	通常可超过50%
常见症状	头晕、头痛、恶心、呕吐等，离开中毒环境吸入新鲜空气后，通常没有后遗症	呼吸困难、意识障碍等，吸入空气和氧气后可较快苏醒	患者表现更加严重，处于深度昏迷状态，治疗不及时可发生脑水肿、休克等并发症，病死率比较高

注：碳氧血红蛋白是指一氧化碳和血红蛋白结合的产物，正常人血液中碳氧血红蛋白浓度为5%~10%，碳氧血红蛋白浓度用作一氧化碳中毒的指标。

一氧化碳与血红蛋白的亲和力，通常要比氧气与血红蛋白的亲和力高，所以一氧化碳容易与血红蛋白结合，形成碳氧血红蛋白。结合成碳氧血红蛋白后，其解离速率比氧合血红蛋白慢，能使血红蛋白丧失携带氧气的能力和作用，造成组织细胞缺氧，严重时导致窒息，同时对全身的组织细胞也有毒性作用，尤其对大脑皮质影响较为严重。

煤气中毒的常见原因

冷天，人们在室内使用煤炭炉、煤气取暖器取暖；或在室内使用炭火烧烤，且未注意室内通风；或者在汽车里睡觉或休息时，长时间关着窗户并开着空调，都容易导致一氧化碳中毒。

家庭使用的煤气灶具老化、阀门损坏、连接的皮管老化或脱落，或火焰被风吹灭未及时发现，或者是忘记关煤气灶开关、开关未关紧，都可能导致意外煤气中毒。

家庭燃气热水器安装和使用不当。若燃气热水器安装在浴室内，热水器在燃烧过程中要消耗大量氧气，产生一氧化碳并排放在室内，洗澡时浴室湿度大，若门窗关闭较紧，而且未使用排气扇，则会导致室内一氧化碳浓度升高，引起一氧化碳中毒。

　　煤矿生产和转运煤气的设备发生泄漏，或是设备维修过程中没有按照操作规程作业，或作业场所空气流通不佳，都可能造成一氧化碳中毒。

有关煤气中毒的生活小误区

　　1.不是只有烧煤才会引起一氧化碳中毒。凡属含碳物质如汽油、煤油等的不完全燃烧，均可产生大量的一氧化碳。

　　2.不是没有煤气味就不会发生一氧化碳中毒。一氧化碳是一种无色、无味、无刺激性的有毒气体，很多人中毒时往往在第一时间无法意识到。

　　3.不是用湿煤封火就不会发生一氧化碳中毒。一氧化碳极难溶于水，且水和煤气在高温下容易形成水煤气混合气，增加中毒风险。

　　4.不是门窗上有缝隙就不会发生一氧化碳中毒。一氧化碳的比重比空气小，如果门窗缝隙的位置较低，一氧化碳也不易排出。

煤气中毒的急救原则

　　作为救护者，在进入现场前，要用湿毛巾捂住口鼻，弯腰低身或匍匐进入，迅速关闭相关设备，切断一氧化碳来源，打开门窗通风，保证空气的流通。

　　尽快让中毒者离开中毒环境，对轻度中毒者，经数小时的通风观察后即可恢复，中毒者应安静休息，避免过度活动，否则会加重心、肺负担及增加氧的消耗量；对于意识不清的中毒者，应解开其衣领或裤带，将头部偏向一侧，以防呕吐物吸入呼吸道，导致窒息，同时检查病人呼吸、脉搏、血压情况，尽快拨打"120"急救；若中毒者呼吸心跳停止，立即进行人工呼吸和心脏按压，同时拨打"120"急救。

» 人工呼吸

进行人工呼吸时，让中毒者仰卧，仰卧时中毒者的后枕部紧贴地面，保证与呼吸道在一条直线上；彻底清除中毒者呼吸道内的分泌物和异物；操作者的左手掌根可紧抵住中毒者的额部，左手食指和拇指捏紧中毒者的双侧鼻翼，让鼻腔紧闭；操作者右手紧夹住中毒者的双侧面颊，使口腔能够

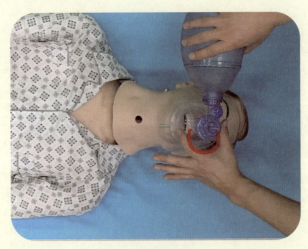

人工呼吸动作要领

充分张开；操作者的口紧紧包住患者的口，用力吸气，吸到不能吸为止，将吸入的气体在1~2秒钟内吹入中毒者的呼吸道，观察中毒者胸部是否起伏；再松口，松鼻。

人工呼吸的节律是每4~5秒钟吹气一次，大概每分钟12~16次，如果同时还要做心脏按压，在心脏按压每分钟100次的频率过程中，每按压30次心脏，可以连续人工呼吸2次。

我们了解了日常生活中常见的煤气中毒的原因，以及自救和互救的原则和方法，有助于在意外发生时能及时有效地挽救生命。呵护家人的健康和生命安全是我们共同的心愿！

被动物咬伤后的处理

被猫、狗咬伤

被狗咬伤、被猫抓伤除了会造成损伤创口，更严重的是会感染狂犬病。狂犬病（恐水病）是一种无药治疗、死亡率高达100％的急性传染病，而狂犬病的发作有一定潜伏期，表现正常的猫、狗也有可能携带狂犬病毒。因此，被猫、狗咬伤，一定要及时进行处理。

被狗咬伤

被猫、狗咬伤后，伤口局部会出现红肿、疼痛，严重的可引起淋巴管炎、淋巴结炎或蜂窝组织炎，若感染狂犬病，其后果就更严重了。

按症状发作先后，狂犬病可分为前驱期、兴奋期和麻痹期。在狂犬病前驱期，多数患者有低热、头痛、恶心、腹泻等症状；兴奋期则突出表现为高度兴奋、恐水怕风、发作性咽喉肌痉挛、高热、多汗、流涎等；最后在麻痹期，也叫瘫痪期，患者渐趋安静，痉挛发作停止，出现各种瘫痪，可迅速因呼吸、循环衰竭而死亡。

临床发现，狂犬病毒在进入人体后一般不在患者血液中循环，而是在患者被咬伤的肌肉内停留繁殖，其中所含的糖蛋白能与人体乙酰胆碱受体结合，有一定的嗜神经性，同时通过运动神经元的终板与轴突进入外周神经系统，并在神经元内复制，而在进入神经组织后可在患者脑内快速扩散，累及脑干等区域。该类疾病的潜伏期一般在数年甚至数十年，而在发病后病程进展较快，且病情严重，最终导致患者死亡。发病后注射的疫苗、免疫球蛋白等将不会再对患者起到预防作用，因此在患者被咬伤后应立即就医并遵医嘱注射疫苗或同时注射疫苗和免疫球蛋白。

被咬伤处理方法

1.冲洗

用肥皂水和清水反复交替冲洗患者被咬伤处，至少冲洗15分钟。边冲洗边挤压伤口，将血从伤口挤出以达到排毒。

2.消毒

用碘伏或乙醇由内向外对伤口及伤口周围进行2遍消毒，若伤口较大、较深，不能用乙醇对伤口内进行消毒。

3.包扎

清洁伤口后，伤口一般不包扎、不缝合，若伤口大且出血严重，需要用无菌纱布进行包扎，以避免伤口感染并促进伤口愈合。

4.就医

完成上述处理后尽快到医院就医，由医生判断是否需要注射狂犬疫苗。若需要接种，应及时、足量、全程接种。一般在咬伤的当天、第3天、第7天、第14天、第28天进行注射，共5针。若咬伤在头部、面部、颈部或伤口较大、较深，在医生建议下选择注射破伤风人免疫球蛋白以避免感染破伤风，注射抗狂犬免疫血清以增强免疫能力。

抗狂犬免疫血清是狂犬病固定毒免疫马采集的血浆，经胃酶消化后，用硫酸铵盐析法制得的液体或冻干的免疫球蛋白制剂。用于配合狂犬病疫苗对被疯动物严重咬伤（如头、脸、颈部或多部位被咬伤）者进行预防注射。被疯动物咬伤后注射越早越好。被咬伤后48小时内注射本品，可减少发病率。对已有狂犬病症状的患者，注射本品无效。

被蜂类蜇伤

被蜂蜇伤通常指被蜜蜂或黄蜂蜇伤。蜂蜇人主要是用它尾端的尾刺刺伤人，尾刺有逆钩，与毒腺相通，蜇人时其将尾刺刺入人体皮下，将蜂毒排入人体体内引起人体中毒。蜜蜂和黄蜂的蜂毒成分不同，黄蜂中毒反应较蜜蜂快并且严重。

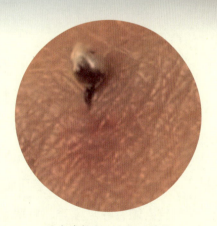

被蜜蜂蜇伤及残留的蜂螫

被蜂类蜇伤后，局部皮肤会出现红肿、疼痛和瘙痒，严重者可出现呼吸困难、呼吸麻痹而死亡。

工蜂是蜇人后就会死亡的蜜蜂，刺针是工蜂没有发育完全的产卵器，刺针连接着大、小毒腺和内脏器官，工蜂的刺针尖端上有小倒钩。工蜂蜇人时，因为小倒钩牢牢地钩住了人的皮肤，所以在蜜蜂蜇人后飞走时，刺针和一部分内脏也会脱落下来，没有内脏的蜜蜂就会死亡。

» 避免被蜂蜇伤

为避免被蜂蜇伤，建议尽量不到蜜蜂多的地方，如养蜂场、有野生蜜蜂窝的山林等。黄色等鲜艳颜色的衣服一般对蜜蜂有吸引力，蜜蜂对黑色有攻击性，建议野外郊游尽量穿浅色衣服避免招引蜜蜂。在野外尽量少吃甜腻食物及饮料，因为这些食物可能会引来许多蜜蜂，从而被蜜蜂蜇咬。此外，如果身边发现蜜蜂，需要保持冷静，避免过于紧张而拍打或乱动等惊吓蜜蜂从而被蜇咬。

处理方法

1.仔细检查被蜇处皮肤有无折断的毒刺，若有则不能用手直接按压拔针，可用消毒后的针头或镊子拔除刺到皮肤里的毒刺。

2.蜜蜂的毒液为酸性，可用肥皂水或苏打水冲洗被蜇伤处皮肤以中和毒液。

3.黄蜂的毒液为碱性，可用食醋或柠檬水洗敷被蜇伤处，局部可用氟轻松软膏、氢化可的松软膏外用。

4.用冰块敷在被蜇咬处，可以减轻疼痛和肿胀。

5.在野外可用捣烂的马齿苋敷于被蜇处。

6.有过敏反应症状者可服用一些抗过敏药物，如氯雷他定等。

7.如有呼吸困难、呼吸音变粗、伴有喘息等症状时，要立即送医院抢救。

消防员捕获蟒蛇

被毒蛇咬伤

毒蛇，是指能分泌特殊毒液的蛇类，其敏锐的感官让猎物很难逃逸，诡异的攻击让死亡如影随形。

» 被毒蛇咬伤的症状

被毒蛇咬伤的临床表现复杂多样，与毒蛇种类及所含毒素成分密切相关。被无毒的蛇咬伤会有一排或两排整齐的细牙痕，而被毒蛇咬伤则有一对大而深、针孔样的牙痕，有时也有一个或3～4个以上的较大牙痕，除了典型的毒牙痕、出血外，伤口周围会出现明显肿胀及疼痛或有麻木感，局部有瘀斑、水疱或血疱。伤者还可能伴随出现头晕、恶心、发热、胸闷、呼吸困难等症状，重者会迅速出现呼吸衰竭和循环衰竭，若不及时救治，患者很快就会死亡。

但我们也不能仅靠毒牙印痕来评估咬伤或中毒的可能性，因未见毒牙痕迹导致延误诊断，这对患者可能是致命的。特别是未目击咬人的蛇时，不要轻易排除蛇伤。

中国境内具有剧毒的10种蛇类，分别为银环蛇、海蛇、眼镜王蛇、原矛头蝮、尖吻蝮（又名五步蛇）、圆斑蝰、舟山眼镜蛇、金环蛇、短尾蝮、竹叶青。毒蛇很少主动攻击人，大多时候，由于我们没有发现它而过分逼近蛇体，或无意踩到毒蛇身体时，它才咬人。蛇毒是毒蛇从毒腺中分泌出来的一种液体，主要成分是含有多种酶类的毒性蛋白质。不同的蛇种、亚种甚至同一种蛇在不同季节所分泌的毒液，其毒性成分存在一定的差异。

被毒蛇咬伤的处理

被毒蛇咬伤后，在条件允许的情况下用手机对毒蛇进行拍照，以便就医时方便医护人员作出诊断，并立即采取急救措施，阻止或减缓毒素的吸收，然后尽快就医，以防治各种并发症。如果无法判断蛇是否有毒，可按毒蛇咬伤进行急救处理，主要处理方法如下：

1.局部紧急处理——结扎。结扎可阻止蛇毒的吸收和加速毒液的排出，是防止中毒的重要环节。被毒蛇咬伤后切不可惊慌奔跑，以免加速蛇毒在体内蔓延，应立即停止四肢活动，就地取材，用纱布、手帕等在伤口上方（近心端）的相应部位进行结扎，绑度要松紧适宜。20分钟左右松绑一次，每次松开2～3分钟，防止组织因缺血而坏死。一般在注射抗蛇毒血清或服用蛇药后，结扎即可解除。

2.扩创冲洗。先用双氧水或肥皂水冲洗，消毒后用尖锐的刀具沿蛇咬的牙痕作"一"字切口，长1～2厘米，然后边冲洗，边挤压排毒。但必须注意，伤口流血不止或出血较多的患者，或出现全身出血者，不可扩创伤口，以免加重出血而出现生命危险。若是被有毒的蛇咬伤，同时口腔有溃疡时，为了避免毒血通过口腔的溃疡进入体内引发感染，切记不要用口吸血。

　　3.尽快前往医院注射抗蛇毒血清治疗。

　　4.严重中毒者若发生呼吸衰竭和循环衰竭，则应及时进行人工呼吸、心肺复苏等急救措施。

» 预防被毒蛇咬伤

　　预防被毒蛇咬伤应尽量避免前往蛇出没较多的环境。蛇类喜欢潮湿温热的环境，下雨前后经过田间、草丛等处时，要提高警惕，做好保护措施，如穿好鞋袜，扎紧裤脚，还可以拿一根木棍或树枝边走边打一打路边的草丛，蛇会迅速逃跑，一般不会主动攻击。若见到毒蛇后要保持镇定，不要突然移动或奔跑，应缓慢绕行或退后，一旦被蛇追逐，切勿直跑或直向下坡跑，要跑出"之"字形路线。

　　在野外宿营时铲除周边杂草或在营区外围撒驱蛇粉或驱蛇药。蛇讨厌风油精、清凉油等，可涂抹在四肢，一定程度上能预防蛇咬伤，另外可以带上一些治疗面较广的蛇伤药。

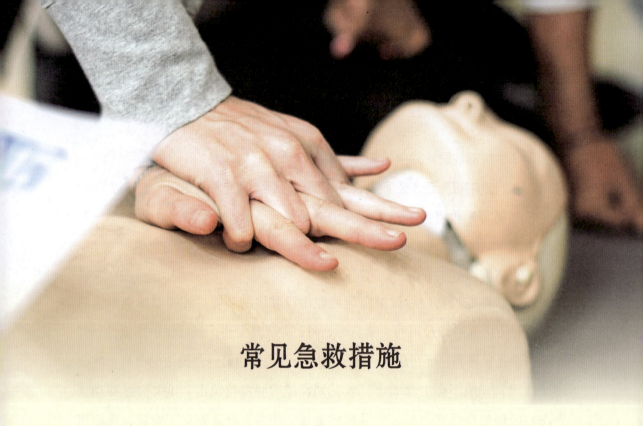

常见急救措施

日常生活中，我们可能会遇到一些紧急情况，需要掌握一定的急救技能，比如心肺复苏、外伤止血的方法，必要时拨打"120"急救电话寻求医务工作者的帮助。

"120"紧急呼叫

20世纪60年代，北京的急救电话仅有1条线路，并且救护车上急救物资配备不完善，只能作为运送病人的工具。中国医学救援协会会长李宗浩意识到建立完善的现代急救体系迫在眉睫。1988年，北京急救中心正式投入使用，并且在李宗浩会长的建议下启用了"120"这个号码，作为急救电话。

中国急救"120"的标志

在李宗浩会长和多位急救医学先驱的努力下，中国现代急救事业开始迈入正轨。

拨打"120"的注意事项

如果遇到突发事件或意外事故，需要拨打"120"电话呼救。那么，怎样呼叫才能让"120"快速到达现场并展开及时有效的救援呢？

"120"急救车

1.说清楚伤员出事所在地的详细地址，如：××街道××小区××楼号及详细的门牌号，以便于急救人员快速找到病人，重点说清楚周围具有哪个标志性的建筑物或显眼的建筑物，如××商场、××广场、××公园等众所周知的位置。

2.简述病人的主要情况，如：昏迷、抽搐、出血、骨折等，以便救护人员有所准备，能及时投入抢救。

3.向调度员说明已进行了哪些处理。

4.尽量说明患者的姓名、性别、年龄等基础信息，并报告呼救者姓名和呼救者的电话号码，以防万一找不到患者，可与呼救者及时联系。

5.务必等调度员询问清楚后，调度员让你挂电话你再挂断。

呼救后的准备

1.应安排人等候救护车到来，以便及时引导救护车出入。

2.清除杂物，使道路畅通，以便病人运送。

3.准备好病人必须携带的物品，继续必要的抢救处理，比如止血、心肺复苏。

心肺复苏术

　　心肺复苏术（CPR）是最基本也是最重要的抢救呼吸、心搏骤停者生命的医学方法，可以通过徒手、辅助设备及药物来实施，以恢复患者的自主呼吸、循环和纠正心律失常。

　　施救者需在确保环境安全的情况下进行徒手施救，并且施救者要熟悉心肺复苏急救的动作要领。

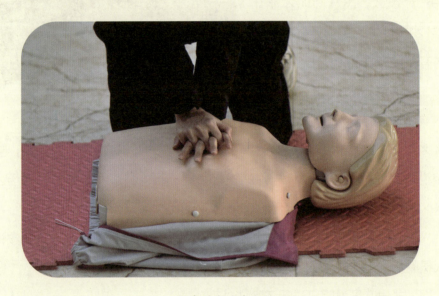

心肺复苏术动作要领

动作要领

　　定位：胸部两乳头连线水平正中间。

　　手法：双手交叉互扣，掌跟（掌跟为用力点）一字形重叠，手指上抬。

　　姿势：双臂绷紧垂直，上半身前倾垂直向下用力按压，即肘关节不能弯曲，双肩连线中点在按压点正上方，连续快速有力，确保胸廓充分回弹。

　　深度：成人5～6厘米、儿童3～4厘米。

> 频率：100～120次/分钟。
>
> 次数：按压30次/循环（时间15～18秒最佳）。
>
> 边按压边数数：1、2、3……30，按压的同时观察患者面部情况，当面色回血，指压回血红润即复苏成功，合上衣物等待"120"急救。

中国医学救援协会会长李宗浩曾说："拥有14亿人口的中国，心肺复苏的救治率只有1%，如果把1%提升到10%，对于人民贡献是很大的。"据统计，我国每年约有54万人死于心源性猝死，相当于每分钟就有1个人因猝死离世。对于心脏骤停病人的抢救时间都是以分钟来计算的，李宗浩一直期盼着，当有人突发心搏骤停时，第一目击者能够采取正确的救援方式。因此，近些年，我国医药机构一直在积极推动心脏复苏规范的建立以及急救装置——AED（心脏自动体外除颤器）的普及。

» 什么是AED？

AED（自动体外除颤器）又称自动体外电击器、自动电击器、自动除颤器、心脏除颤器及傻瓜电击器等，是一种便携式的医疗设备，它可以诊断特定的心律失常，并且给予电击除颤，是可被非专业人员使用的用于抢救心脏骤停患者的医疗设备。在心跳骤停时，只有在最佳抢救时间的"黄金4分钟"内，利用自动体外除颤器（AED）对患者进行除颤和心肺复苏，才是最有效制止猝死的办法。

校园内放置的AED

» AED的使用方法

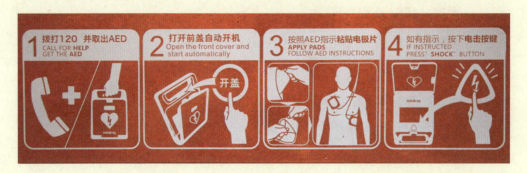

AED的使用方法
（注：不同型号的AED使用方法可能会有差异，请按提示操作）

防溺水

禁止玩水标志

中国疾病预防控制中心2021年公布的数据显示，溺水已成为中小学生意外死亡的"第一杀手"。尽管学校每年都会对学生进行防溺水教育，但中小学生由于缺乏必要的安全意识和自救能力，中小学生溺水事件仍然频发。事故主要发生在游泳池以外的自然水域，造成溺水死亡的主要原因有窒息、呼吸中枢抑制等。

溺水可分为淹溺和浸泡。淹溺是指口、鼻在水平面以下而不能呼吸；浸泡多见于使用了救生衣，头是浮在水面上的情况，气道中水分并不多，但长期浸泡在水中会造成低体温。

» 淹溺自救

人在淹溺时，身体会发生一系列变化，包括咳嗽、抽搐、有窒息感等。此时，溺水者千万不要慌张，要保持冷静，去除身上重物，放松身体，采取自然漂浮、抱膝蜷缩、推水、仰漂等自救动作可以增加生还的可能性。

溺水时，溺水者可以把四肢放松、自然下垂或者把双手抱在胸前，我们的头部会在水面上下缓缓起伏，足够我们支撑一定的时间。如果在沉入水中时身体已经失去了平衡，我们也可以双手抱膝蜷缩在一起，当感觉到我们的背部浮出水面时，就立刻舒展四肢向下推水，与此同时把头抬出水面进行换气，可一直重复着抱膝式的这个过程以等待救援。如果溺水者有一定的游泳基础可以采用仰泳的姿势来伺机求救。

» 淹溺施救

比溺水更可怕的是盲目施救。非专业救援人员切记不要盲目下水营救。在游泳池、水上乐园等公共环境发生溺水意外，首先寻求专业水上救生人员；如果在水塘、海边等自然水域发生溺水，首先应向周围寻求救助，或可在岸边向溺水者投递竹竿、衣物、绳索、漂浮物等救援工具，同时拨打"110""119"寻求救援，拨打"120"急救。其次，要树立会游泳并不等于会救人的意识，尤其不推荐多人手拉手下水救援，避免发生连环溺水事故，施救时不要从正面接近，防止被溺水者抓、抱，而要从溺水者背后"夹胸拖带"施救。

将溺水者救出水面，要先确定溺水者处于何种状态，再根据其身体状态和意识情况来选择急救措施。

若溺水者意识清醒，呼吸有些困难，稍有咳嗽症状，施救者可鼓励溺水者咳嗽，将可能存在的异物排出，给予其安慰并调整呼吸，同时拨打"120"急救电话等待医护人员到达。若溺水者神志不清，施救者可帮忙清除口鼻内异物，让其保持稳定的侧卧位以保持气道开放。若溺水者呼吸微弱，可采取人工呼吸。若确定溺水者没有呼吸和脉搏，表示其已发生心搏骤停，要立即进行心肺复苏。在现场急救操作过程中，一定要有人拨打"120"急救电话，确保及时送医治疗。

> **预防溺水的措施**
>
> 　　孩童不要独自在河边或者池塘边玩耍，不私自下水游泳，不去不熟悉的水域游泳，不到无安全设施、无救护人员的水域游泳；不盲目下水救人，下水前要充分活动热身，避免发生抽筋；吃得过饱、空腹、服药（尤其是感冒药、抗过敏药）、身体不适时不宜下水，且在水中不要吃东西；不会游泳的人群，即使带着救生圈也不要游到深水区；学习正规游泳技能和急救技能。一旦发生溺水，千万不要紧张，要放松全身，避免发生腿抽筋或者类似的情况，一定要及时呼救。

外伤止血

　　日常生活中，我们总避免不了出现擦伤或割伤等外伤出血，如果处理不当，伤口会感染，或出血量过多，严重的会导致休克，甚至死亡。了解最基本的医疗急救知识与技能，在发生意外情况时能积极有效地开展现场自救与互救，从而减轻病痛并赢得抢救时机，甚至能挽回生命。

　　外伤是指人的身体由于外在原因造成组织或器官解剖结构的破坏和生理功能的紊乱。根据受伤程度可将外伤分为轻度外伤与严重外伤。轻度外伤是指造成皮肤或浅表组织受伤，可能会引起疼痛或出血的情况；严重外伤是指造成心、脑、肾、肺等重要脏器的功能障碍，甚至出现出血过多导致休克、死亡等情况。

» 外伤出血的类型

　　外伤出血的类型有两种：一是外伤后因血管破裂，皮肤表面裂开，血液流出体外而引起的出血，称"外出血"；二是外伤后血管破裂而皮肤完整，或只有内脏出血，称为"内出血"。

动脉出血、静脉出血、毛细血管出血的区别

　　动脉出血时由于血压高、呈现喷射状、出血速度快、颜色鲜红，会很快危及生命，需要正确、及时、有效地进行止血；静脉出血时血液由伤口持续缓慢流出，颜色暗红，大的静脉出血速度虽然也比较快，但没有喷射状，也需要及时止血；毛细血管出血时血液缓慢渗出，可自行凝固，比较容易止血。一般来说，根据出血类型明确止血位置，毛细血管出血只需在出血处直接进行止血处理；静脉血管出血应在出血处远离心脏的一端（远心端）处理；动脉血管出血应在出血处的近心端处理。

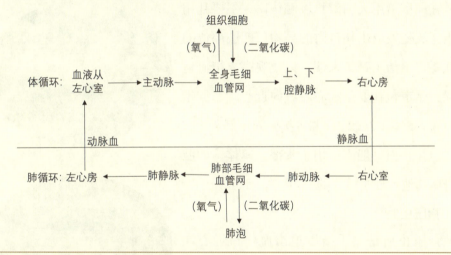

» 外伤止血的方法

常见外伤止血的方法有包扎止血、指压止血、止血带止血等。

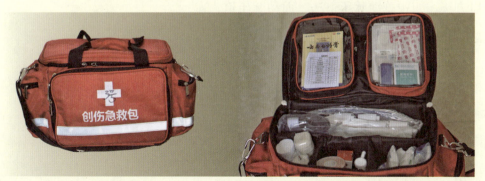

医院创伤急救包

包扎止血

包扎止血是外伤出血最常用的止血方法，使用碘伏、敷料、纱布、胶带等材料和试剂。伤口处用碘伏从内到外擦拭消毒后，贴上创可贴，或先用敷料遮盖，再用纱布绷带包扎、胶带缠好。如果伤口在头部，还需要用头部止血网固定敷料和纱布。

包扎动作要轻柔、迅速、准确、牢靠、松紧适宜；尽量用无菌敷料接触伤口，不要乱用外用药及随便取出伤口内的异物；四肢部位的包扎要露出指（趾）末端，以便观察末梢血运情况；绷带包扎要从远心端缠向近心端，绷带圈与圈应重叠1/2或2/3，绷带头要固定好。

包扎止血一般多适用于头部、躯体、四肢及身体其他各处小血管的伤口。

指压止血

指压止血是用手指压迫出血伤口近心端的动脉，以达到临时止血的目的。常用于动脉出血的止血，根据出血部位可分为多种指压止血方法，如颈总动脉压迫法、面动脉压迫止血法、股动脉压迫止血法等。

指压止血时压迫点要准确，力度要适中，以伤口不再出血为度。该方法适用于头面部、四肢伤口止血，适合局部范围出血和伤口较小、较浅的情况，且只适用于临时和短时间内使用。

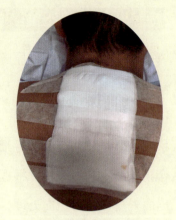

背部包扎

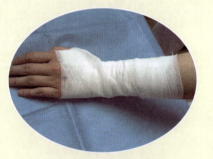

手部包扎

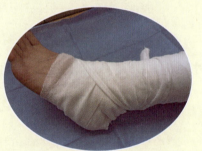

脚部包扎

止血带止血

当人有较大的肢体动脉出血时，如上臂、前臂、下肢动脉的出血，可用止血带止血。专用止血带是通过勒紧肢体来阻止动脉血管中血液流通的医学用具，在没有专用医学止血带时，可以就地取材，用布料、粗绳、橡皮筋等代替。止血带应绑在伤口的近心端，以阻止大量出血，上臂和大腿应绑在上1/3的部位。使用该方法时先在准备用止血

止血带止血示意图

带的部位垫一层软布，且止血带不必缚扎过紧，以能止住出血为度，每隔1小时左右要松开止血带2~3分钟，以防止肢体远心端由于长时间缺血而出现坏死等。

掌握并能实施外伤急救的基本方法可减轻创伤患者的病痛，增加救治的机会，甚至能赢得生存的机会，而了解外伤急救的基本原则是急救的第一要素。首先，急救时要有整体原则，即要对创伤患者全身进行检查以避免有遗漏，对创伤部位则要仔细检查。第二，遵循先救命后包扎的原则，对创伤患者要先检查其生命体征，对呼吸、心跳停止的患者应及时采取心肺复苏，先挽救患者生命，同时拨打"120"，再对伤口进行处理。第三，对伤口包扎要遵循适合的顺序，一般在伤口包扎的时候先包扎头部，再包扎胸部、腹部，最后是四肢。如创面较大，快速止血后应尽快转到正规医院治疗，否则可能造成新的损伤；在碰到铁钉等情况下受伤，应防范伤口感染，及时注射破伤风抗毒素。

第3章
传染病与防控

目前，我国传染病科学防控自主创新能力已达到国际先进水平，建立了集成创新性的传染病防控综合技术平台，从诊、防、治方面加强技术创新和防控机制创新。但传染病仍然是威胁我国公共健康、国民经济的重要因素。

什么是传染病？常见的传染病有哪些？传染源又是什么？有了传染源传染病就一定会传播吗？传染病的传播条件是什么？我们要怎么对传染病进行防控？

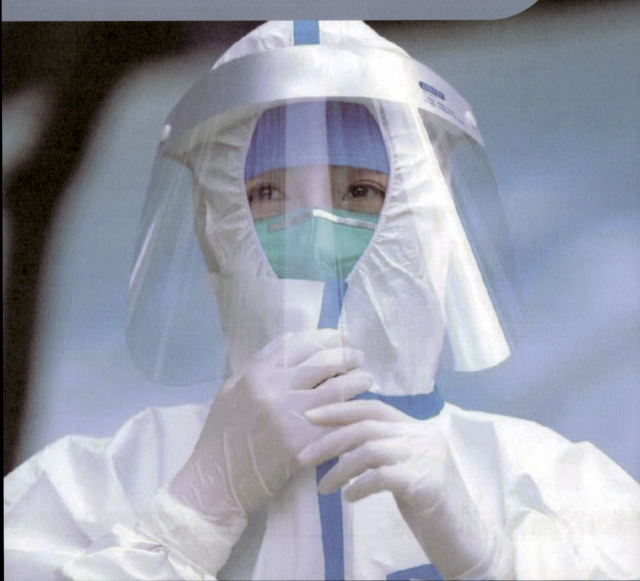

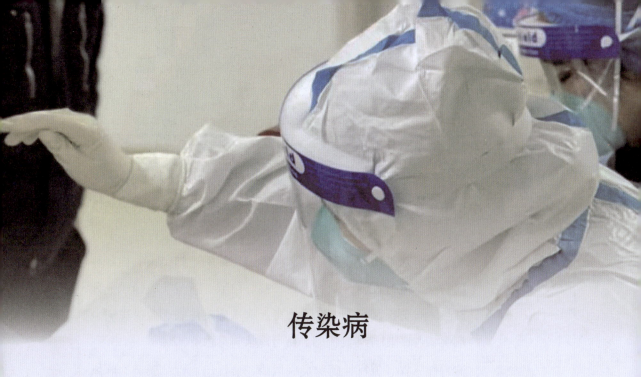

传染病

2019年的新冠肺炎疫情，被列为一次重大的突发公共卫生事件。患者出现发烧、咽喉疼痛、咽干、乏力以及发烧前后出现全身酸痛等症状。学校因人群密集度高，学生之间接触频繁，极易导致病毒的暴发、传播和流行。

疾病的防治与我们的生活密切相关，保障身体健康，才能确保有质量的生活。传染病是指由病原体引起的，能在人与人、人与动物、动物与动物之间相互传播的多种疾病的总称。其中，病原体是引起疾病的罪魁祸首，包括细菌、病毒和寄生虫等生物。病原体在繁殖的过程中会不断进化，具有高适应能力的病原体可以更好地生存和传播。

目前主要将传染性疾病按照危害程度分为甲类、乙类和丙类。甲类包括鼠疫和霍乱；乙类包括传染性非典型肺炎、艾滋病、病毒性肝炎及新型冠状病毒感染等；丙类包括流行性感冒、风疹、流行性腮腺炎、手足口病等。传染病的传播需要三个基本条件：传染源、传播途径、易感人群。

中华人民共和国法定传染病分类

分类	传染病
甲类（2种）	鼠疫、霍乱
乙类（28种）	传染性非典型肺炎、艾滋病、病毒性肝炎脊髓灰质炎、人感染高致病性禽流感、麻疹流行性出血热、狂犬病、流行性乙型脑炎、登革热、炭疽、细菌性和阿米巴性痢疾、肺结核、伤寒和副伤寒、流行性脑脊髓膜炎百日咳、白喉、新生儿破伤风、猩红热、布鲁氏菌病、淋病、梅毒、钩端螺旋体病、血吸虫病、疟疾、人感染H7N9禽流感、新型冠状病毒感染、猴痘
丙类（11种）	流行性感冒、流行性腮腺炎、风疹、急性出血性结膜炎、麻风病、流行性和地方性斑疹伤寒、黑热病、包虫病、丝虫病、其他感染性腹泻、手足口病

传染源

　　传染源是指体内有病原体生长、繁殖并且能排出病原体的人和动物。患传染病的病人是大多数传染病重要的传染源，一般在发病早期传染性最大。慢性感染患者可长期排出病原体，成为长期传染源。

传染病防控隔离点进行
病毒核酸采样

感染

　　传染病的病原体进入机体后，它们会在机体中繁殖并破坏宿主细胞、组织以及器官，从而引起局部组织和全身性的炎症反应，这个过程称为感染。宿主，也称为寄主，是指能为病原体提供营养和场所的生物，包括人和动物。

　　病原体进入机体后，会被免疫系统所识别，产生免疫反应，通常会引起白细胞增多，在血液检测时能检测出白细胞高于正常值，可以作为是否感染病原体的参考。体温升高也是机体对抗病原体的反应，有利于提高免疫细胞的活性，若免疫系统未能把传染病病原体清除，那么病原体就会在机体内生长、繁殖，最终引发病症。

传播途径

传染病的病原体具备可传染的性质，同一种传染病可以有多种传播途径，那么传染病是通过哪些途径来传播的呢?

传染病的传播途径主要分为水平传播和垂直传播。水平传播有呼吸道传播、消化道传播、接触传播、虫媒传播、血液及体液传播、医源性感染；垂直传播有母婴传播。呼吸道传染病包括流行性感冒、白喉、百日咳、猩红热、肺结核、流行性腮腺炎及流行性脑脊髓膜炎、禽流感、非典、新型冠状病毒感染等，这类传染病病原体的原始寄生部位是呼吸道黏膜和肺。消化道传染病包括细菌性痢疾、甲肝、戊肝、伤寒、蛔虫病、丝虫病和蛲虫病等，这类传染病原体的原始部位是消化道及附属器官，病原体主要是通过饮用受病原体沾染的水和食物所感染。虫媒传染病包括疟疾、流行性乙型脑炎、黑热病、丝虫病和出血热等，这类传染病病原体的原始寄生部位是血液和淋巴。血液传染病包括丙肝、乙肝、艾滋病、梅毒等，这类传染病常见于医疗使用的注射器材、输血等造成的感染。体表传染病包括狂犬病、炭疽、破伤风、血吸虫病、沙眼、疥疮和癣等，病原体的原始寄生部位是皮肤和体表黏膜，主要是通过接触传播的。

母婴传播，是指由母亲传染给婴儿的疾病。这类传染病的病原体可以通过胎盘在母子体内传染或通过乳汁分泌感染，如艾滋病和乙肝。

综上所述，传染病的传染途径有飞沫空气传播、血液传播、粪口传播、接触传播等。一种传染病也可有多种传播途径，如艾滋病可以通过血液传染、母婴传染、性接触传染等。

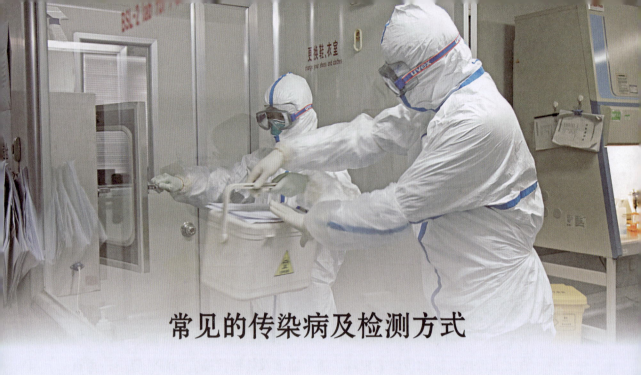

常见的传染病及检测方式

传染病在人类历史中扮演着重要的角色，每一次重大的传染病流行，直接影响到人类的健康与性命，甚至导致国家的衰落和文明的灭亡，一些传染病甚至影响人类社会的进程和文明的进程。

传染病的病原体很少是被灭亡的，大部分传染病的病原体都是与被寄生的生物共生在这个地球上的。下面我们介绍一下生活中常见的几种传染病：禽流感、水痘、甲肝、乙肝和丙肝。

常见传染病

禽流感

禽流感，全名鸟禽类流行性感冒，是由甲型流感病毒引起的人、禽类共患的急性传染病，通常只感染鸟类，常见于野生水禽，但是某些禽流感病毒跨越物种界限传播，并导致人类和其他哺乳动物感染和患病。感染人、禽流感病的流感病毒主要是H5N1、H7N7和H9N2，其中以H5N1引起的临床症状为重，对人危害大。人感染禽流感后的症状主要为高热、咳嗽、流涕、肌痛等，多数伴有严重的肺炎，严重者心、肾等多种脏器衰竭而导致死亡，病死率很高。在禽流感流行期间，应远离家禽排泄物，避免接触禽类，食用煮熟、煮透的禽肉；勤通风、勤洗手，养成良好的个人卫生习惯；加强锻炼，增强体质，劳逸结合；提高主动隔离、及时就诊的防病意识。

 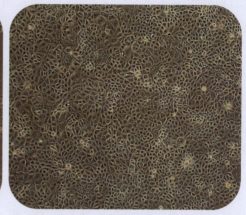

电子显微镜下被病毒感染的细胞　　　　　　　　电子显微镜下的正常细胞

水痘

水痘是由水痘带状疱疹病毒感染引起的急性传染病，感染者主要发生在婴幼儿和学龄前儿童，但成人发病症状比儿童更加严重。人类是该病毒唯一的宿主。水痘的传染性极强，主要是呼吸道飞沫传播和直接接触传播，潜伏期平均为14天，起病较急，感染初期可有发热、头疼、全身倦怠、恶心、呕吐、腹痛等症状，感染后期出现皮疹，呈现由细小的红色斑丘疹到疱疹到结痂到脱痂的演变过程。保持清洁，加强护理，积极隔离患者，在一定程度上可达到防止传染的效果。我国已经大面积实施水痘疫苗免疫接种。

甲肝是甲型病毒性肝炎的简称，它是由甲型肝炎病毒（HAV）引起的、以肝脏炎症病变为主的传染病，患者主要表现为食欲减退、肝脏肿大、肝功能异常，有少量患者会出现黄疸（黄疸是人体代谢障碍引起血清内胆红素浓度上升所致，主要表现为巩膜、皮肤、黏膜、体液的黄染）。

HAV经口进入人体后，经过消化系统进入血液循环系统，引起病毒血症，约1周后到达肝脏，随后通过胆汁排入肠道并出现在粪便中。甲型肝炎潜伏期为15～45天，患者在此期间无明显症状。随着甲肝灭活疫苗在全世界的使用，甲型肝炎的流行已得到有效控制。

乙肝是慢性乙型病毒性肝炎的简称，是由于感染乙型肝炎病毒（HBV）引起的，传染源主要是乙型肝炎患者和HBV携带者。乙肝主要通过母婴、血液和血液制品、破损的皮肤黏膜及性接触传播。我国乙肝高发的主要原因是家族性传播，其中以母婴传播为主。该病潜伏期平均为3个月，患者通常表现为身体乏力，容易疲劳，有时会有轻度发热，肝功能异常，常出现食欲不振、恶心、腹胀等。若慢性乙肝炎症长期不愈，反复发作，则会引起肝硬化。提高预防意识，接种乙肝疫苗是阻断乙肝垂直传播的重要措施。

丙肝是丙型病毒性肝炎的简称，是一种感染了丙型肝炎病毒（HCV）而导致的以肝脏损害为主的传染病，属于乙类传染病，在全世界流行，整体发病率逐年呈上升趋势。丙肝主要以血液传播、性传播、母婴传播为主。一般按病程分为急性丙型肝炎和慢性丙型肝炎，急性丙型肝炎可能没有任何症状或者轻微感觉乏力，主要表现为疲乏、食欲减退、恶心等，有55%～85%的感染者会转为慢性丙型肝炎。丙肝一般通过抗病毒进行治疗。

传染病的检测方法

一般在传染病感染初期是无症状的。如果感染了某种疾病但是不确定是哪一种传染病，此时需要专业的检测方法来检测以确定是哪种疾病。传统的检测方法有血清检测、分子生物学检测、细菌学检测等。

» 血清检测

血清检测的方法有酶联免疫吸附试验（ELISA）和凝集试验。酶联免疫吸附试验是通过检测患者血清中是否含有特定抗体或抗原来进行传染病的检测。该方法简便快速，且能同时检测多个样本，常用于艾滋病、病毒性肝炎、梅毒、疟疾、狂犬病等传染病的筛查。凝集试验是利用抗原与抗体结合后形成沉淀或凝集来判断患者是否感染某种病原体。这种方法检测结果直观，操作简单，适用于肺结核、痢疾等传染病的诊断。

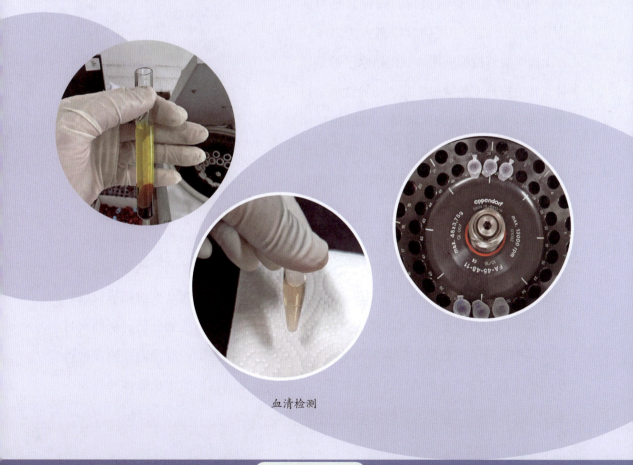

血清检测

» 分子生物学检测

分子生物学检测包括PCR检测和基因芯片技术检测。

PCR实验室和结核实验室

PCR仪

PCR检测是核酸检测的一种，是目前应用最广泛的分子生物学检测方法之一。PCR检测能够检测到DNA或RNA水平的病原体。PCR检测方法敏感度高、特异性强，可用于早期诊断和病原体定量，对感染性疾病的检测非常重要。如新型冠状病毒的核酸检测，先提取核酸，进行核酸PCR扩增后再进行检测。

基因芯片利用微阵列芯片（核酸片段、多肽分子甚至组织切片、细胞等生物样品被有序地固化于支持物的表面），组成密集二维分子排列，然后与已标记的待测生物样品中靶分子反应，通过特定的仪器，比如激光共聚焦扫描仪或电荷偶联摄像机对反应信号的强度进行快速、并行、高效的检测分析，从而判断样品中靶分子的数量来检测多种传染病病原体，可以在同一时间内检测多种疾病。这种方法具有高通量、高灵敏度，能够快速准确地诊断出病原体种类及亚型，对检测敏感度要求高的传染病具有重要意义。

半固体　斜面固体　固体培养基　液体培养基

细菌培养类型

» 细菌学检测

细菌学检测是通过培养患者样本中的细菌，并通过形态、生理和生化反应来鉴定病原体。这种方法可以检测福氏菌、结核杆菌等细菌感染疾病，但需要较长的培养周期。为了缩短传统细菌培养的时间，现在已经出现了一些快速培养方法，如MALDI-TOF质谱技术等。这些方法能够在更短的时间内鉴定出病原体，有利于及时诊断并治疗传染病。细菌培养法一般适用于细菌引起的传染病。

传染病的防控

天花是一种古老的传染病，也是死亡率高的瘟疫之一，具有传染性强、致死率高的特点。18世纪90年代，英国乡村医生爱德华发现得过牛痘的人就终生不会感染天花，于是他把牛痘接种在小孩身上，小孩出痘几天迅速痊愈，之后就算和患有天花的人在一起，小孩也再没有感染过天花。

医学的发展让人类在与传染病的斗争中伤亡不断减少。不管是人类还是自然，都有着太多未知等着我们去探索，面对传染病，我们不要恐慌，而要坚定信心，做好疾病防控，才能战胜传染病。传染病的防控依赖于三点：控制传染源、切断传播途径、保护易感人群。

控制传染源

对传染病病人坚持"五早"，即早发现、早诊断、早报告、早隔离、早治疗。大多数传染病在发病早期传染性最强，因此发现越早，就越能迅速采取有效措施消除疫源。同时，对病人及时诊断，可使病人早隔离、早治疗，有效地防止传染进一步扩大。隔离期限应根据各种传染病的最长潜伏期实施。

对传染病病人进行早期治疗可减少传染源，在发现疑似传染病病人时要及时报告，尽早明确诊断。传染病接触者是指曾接触传染源而有可能受到感染的人。传染病接触者需接受检疫。检疫是风险管理的一种措施，当人类、动物或者植物由一个地方进入另一个地方时，为防传染病的输入、传出和传播所采取的综合措施。检疫期限从最后接触之日算起，相当于该病的最长潜伏期。

动物传染源应当采取有效管理措施：对有经济价值且对人类危害不大的动物传染源，应采取隔离治疗；对无经济价值且对人类危害较大的动物传染源，应彻底消灭。

切断传播途径

对各种传染病，切断传播途径通常是起主导作用的预防措施。其主要措施包括隔离和消毒。

隔离是指将病人或病原携带者妥善安排在指定的隔离单位，暂时与人群隔离，积极进行治疗、护理，并对具有传染性的分泌物、排泄物、用具等进行

室内消毒

室外消毒

必要的消毒处理，防止病原体向外扩散的医疗措施。对由病人的飞沫和鼻咽分泌物经呼吸道传播的疾病，应做呼吸道隔离，常见的呼吸道隔离方式包括戴口罩、对室内空气用紫外线或消毒液消毒；对由病人的排泄物直接或间接污染食物、食具而传播的传染病，应做消化道隔离，不同病种分室居住，同居一室时须做好床边隔离。

常用治疗器械要固定专用，护理人员须按病种分别穿隔离衣，并消毒双手；病室要防蝇虫。对于因直接或间接接触感染的血液、体液而发生的传染病，应做血液-体液隔离，具体措施包括接触或可能接触血液或体液时戴口罩、防针头、刀片等利器损伤，使用过的针头应放入防水、耐刺并有标记的容器内直接焚烧或灭菌处理等。

消毒是切断传播途径的重要措施。在传染病防控工作中使用最多的是84消毒液和紫外线照射消毒，这也是针对手足口病有效的预防性消毒措施。

保护易感人群

易感人群是指对某种传染病缺乏免疫力、易受感染的人，如老年人、患有基础疾病的人群等。保护易感人群的措施包括特异性和非特异性两个方面。

非特异性保护的措施包括以下方面：一是注意卫生，勤洗手，减少接触病原体；二是勤消毒，加强护理措施，勤开窗透气；三是根据自身情况，佩戴口罩；四是注意均衡摄入营养，积极锻炼身体，提高机体免疫力。

特异性方面的措施是通过接种疫苗提高人群的主动或被动特异性免疫力。这是保护易感人群尤其是保护低龄易感人群的关键手段。我国规定的一类疫苗是属于计划疫苗，包括卡介苗、乙肝疫苗、脊髓灰质炎疫苗、百白破疫苗、麻疹疫苗、乙脑疫苗、流脑疫苗等10种，是宝宝出生后必须进行接种的。

国家免疫规划疫苗儿童免疫程序表（2021年版）

可预防疾病	疫苗种类	接种途径	剂量	英文缩写	接种年龄														
					出生时	1月	2月	3月	4月	5月	6月	8月	9月	18月	2岁	3岁	4岁	5岁	6岁
乙型病毒性肝炎	乙肝疫苗	肌内注射	10或20μg	HepB	1	2					3								
结核病[1]	卡介苗	皮内注射	0.1mL	BCG	1														
脊髓灰质炎	脊灰灭活疫苗	肌内注射	0.5mL	IPV			1	2											
脊髓灰质炎	脊灰减毒活疫苗	口服	1粒或2滴	bOPV					3								4		
百日咳、白喉、破伤风	百白破疫苗	肌内注射	0.5mL	DTaP				1	2	3				4					
白喉、破伤风	白破疫苗	肌内注射	0.5mL	DT															5
麻疹、风疹、流行性腮腺炎	麻腮风疫苗	皮下注射	0.5mL	MMR								1		2					
流行性乙型脑炎[2]	乙脑减毒活疫苗	皮下注射	0.5mL	JE-L								1			2				
流行性乙型脑炎[2]	乙脑灭活疫苗	肌内注射	0.5mL	JE-I								1、2			3				4
流行性脑脊髓膜炎	A群流脑多糖疫苗	皮下注射	0.5mL	MPSV-A							1		2						
流行性脑脊髓膜炎	A群、C群流脑多糖疫苗	皮下注射	0.5mL	MPSV-AC												3			4
甲型病毒性肝炎[3]	甲肝减毒活疫苗	皮下注射	0.5或1.0mL	HepA-L										1					
甲型病毒性肝炎[3]	甲肝灭活疫苗	肌内注射	0.5mL	HepA-I										1	2				

注：1. 主要指结核性脑膜炎、粟粒性肺结核等。
2. 选择乙脑减毒活疫苗接种时，采用两剂次接种程序。选择乙脑灭活疫苗接种时，采用四剂次接种程序；乙脑灭活疫苗第1、2剂间隔7~10天。
3. 选择甲肝减毒活疫苗接种时，采用一剂次接种程序。选择甲肝灭活疫苗接种时，采用两剂次接种程序。

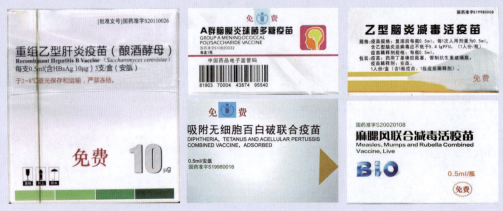

常见的各种疫苗

国内外历史上传染病的防控

资料1

　　1910年，我国东北发生了一次鼠疫疫情。疫情很快蔓延至整个哈尔滨，市内每天平均死亡50余人。当时获得剑桥大学医学博士学位的伍连德认为这种病是通过飞沫和呼吸传播的急性肺部炎症，为了防止飞沫传染，伍连德设计了一种极其简单的双层纱布囊口罩，即用两层纱布，内置一块吸水药棉，纱布的两端有洞或绳子，可以挂在耳朵上。戴上这种口罩就可以将正常人与患者隔离开，防止传染。后来，各国一致赞成采用这种口罩。至今，医务人员也仍在使用伍连德所设计的这种口罩，并称之为"伍连德口罩"或"伍氏口罩"。

资料2

　　西班牙流感暴发于1918年，在刚刚暴发的时候，世界航空业也刚起步，病毒先是通过铁路、轮船进行传播，在几个月的时间里感染了世界上30%的人口，带走了很多人的生命。不过令人感到意外的是，尽管当时流感肆虐，可是在美国阿拉斯加州的一些村庄却一例感染都没有。后来人们才知道，当村民们听说外界有了这么严重的流感后，就将健康的人群进行了保护性隔离，所以他们免受流感感染。

我国近现代对传染病的抗击

抗击鼠疫。1949年10月，东北暴发鼠疫，给当地人民的生命造成了极大威胁。这是中华人民共和国成立后第一次遭遇重大疫情。在党和政府的决策部署下，调集医疗防疫人员与药品连夜赶赴疫区，为群众注射疫苗，并动员和组织群众捕鼠灭蚤。12月中旬，取得了新中国第一次抗疫的胜利。

抗击天花。天花是一种烈性传染病，是我国死亡率较高的急性传染病之一。1955年，我国把天花列为甲类传染病。消灭天花最有力的措施就是让全国人民普遍接种天花疫苗，同时加强管理，发现病例立即隔离、治疗并监测，追查疑似病例。1962年，我国消灭了天花，比全世界范围内消灭天花早17年。

抗击血吸虫病。血吸虫病在我国流行已有2000多年，是对人民危害较大的疾病之一。1955年，在党中央的统一领导下，各级政府迅速成立领导小组，组织专业机构和科研队伍，开展大规模群众性预防宣传工作。坚持"预防为主、标本兼治、分类指导、综合治理、联防联控"工作方针。经过多年的努力，在血吸虫病防治上取得了举世瞩目的成就。

抗击非典型肺炎。2002年11月，广东暴发非典型肺炎。疫情波及我国内地24个省、区、市的266个县、市、区。疫情发生后，党中央、国务院立即成立防治非典指挥部，统一指挥、部署，安排人员、物资。建设定点医院、专项医院收治患者，群防群控。经过有序、科学的防控，2003年6月24日，世界卫生组织宣布解除对北京的旅行警告，中国取得抗击非典的胜利。

抗击新冠肺炎。2019年12月，湖北武汉市暴发新冠肺炎疫情，很快波及国内其他省、区、市。面对这场前所未有、突如其来的疫情，党中央高度重视，习近平总书记多次作出重要指示，亲自部署、指挥，迅速成立各级各地应对处置工作领导小组，采取切实有效措施，坚决遏制疫情蔓延，为世界其他国家抗疫争取到宝贵的"窗口期"，并提供了行之有效的防控经验。

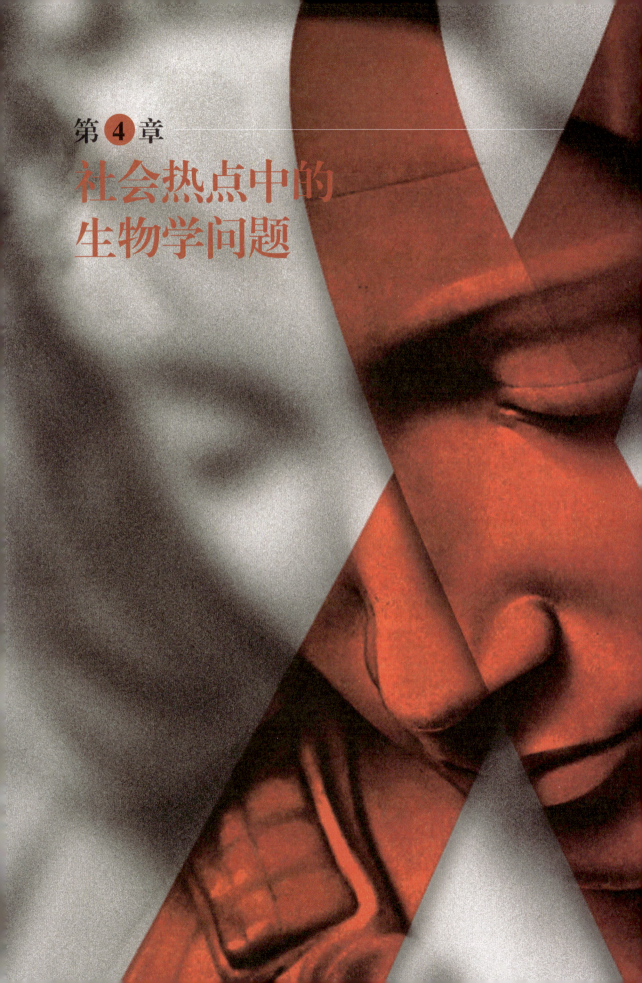

第 4 章

社会热点中的
生物学问题

艾滋病

　　艾滋病，又称为获得性免疫缺陷综合征（AIDS），是机体感染了人类免疫缺陷病毒（HIV）而引发的全身性疾病。艾滋病是一种危害性极大的传染病，HIV把人体辅助性T（CD4+T）细胞作为主要攻击目标，由于该细胞被大量破坏，使人体特异性免疫功能几乎丧失，严重者还能致死。

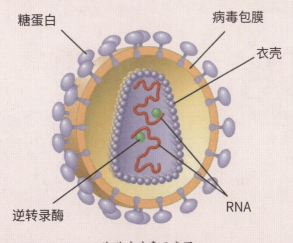

糖蛋白　　　　　　　　　　　病毒包膜

衣壳

逆转录酶　　　　　　　　　　RNA

艾滋病病毒示意图

自1981年世界第一例艾滋病患者被发现以来，艾滋病在全球肆虐流行，已成为重大的公共卫生问题和社会问题。为了让全世界人民行动起来，团结一致对抗艾滋病，1988年1月，世界卫生组织将每年的12月1日定为"世界艾滋病日"。

关于艾滋病的来源有很多种说法，目前科学家广泛认同比较合理的理论是艾滋病病毒从猿猴身上传递到人类身上的"猎人理论"。科学家经过研究，发现艾滋病病毒（HIV）与SIV病毒（猴免疫缺陷病毒，也称为非洲绿猴病毒，是一种可影响至少33种非洲灵长目动物的逆转录病毒）高度相似，且在非洲，许多人将野生动物的肉作为主要食物之一，比如生活在丛林中的灵长类、鼠类和果蝠等。当地人在猎捕、宰杀的过程中，野生动物血液中的病毒就有可能通过猎人的伤口侵入人体。由此推测HIV可能是由SIV变异而来的。HIV-1在体外的衣壳依赖性复制与体外重建，也证明了这种推测。

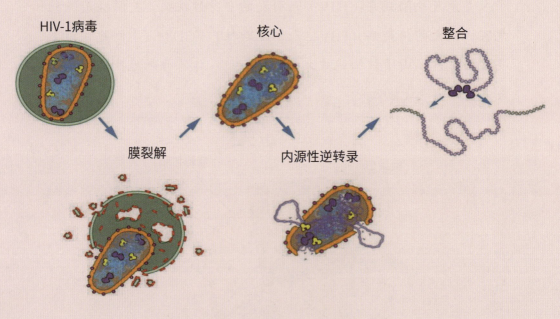

HIV-1衣壳依赖性复制和整合的体外重建

　　数千万人的生命由于艾滋病而黯然离去，防控这一传染病，应以切断传播途径为重点。艾滋病毒是怎样传播的呢？

艾滋病阻断药

　　目前社会公认的艾滋病感染方式主要有三种。一是性接触传播，也是最主要的传播方式。艾滋病患者的精液或者阴道内分泌物中含有HIV病毒，因此在接触时有可能导致对方被感染。二是血液传播，当人体输入的血液中含有HIV病毒，或者人体破损的伤口接触含HIV病毒的血液时，均有被感染的风险。三是母婴传播，当感染HIV的孕妇在怀孕期间，病毒可能经胎盘血液而感染胎儿或者胎儿在分娩时经阴道感染HIV病毒。

我们应该如何与艾滋病人相处？

　　中国疾病预防控制中心发布调研显示，25%的受访者对艾滋病和HIV认知不清，50%的人无法接受和艾滋病患者一起吃饭或接受他们提供的服务，更多的人选择避开和抵触。以上调查结果表明，大多数人对于艾滋病病人的态度是害怕和歧视。人们之所以具有这样的态度，主要原因是对艾滋病的认识存在误区。以下是关于艾滋病的一些基本常识：（1）艾滋病是一种严重传染病，目前还没有治愈的药物，但可以预防；（2）与艾滋病病人的日常生活和工作接触不会感染，如握手、拥抱、进餐等；（3）艾滋病病毒不会经咳嗽、打喷嚏、蚊虫叮咬等途径传播给他人；（4）避孕套的使用不仅能避孕，还能减少艾滋病感染的危险；

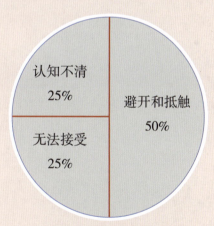

受访者对艾滋病的认知占比图

（5）洁身自爱、遵守性道德是预防经性途径传染艾滋病的根本措施；（6）关心、帮助和不歧视艾滋病病人。艾滋病患者是疾病的受害者，应该得到全社会的同情与帮助。国家和社会要为他们营造理解、健康、友善的生活和工作环境，鼓励他们采取乐观向上的生活态度，杜绝危险行为，积极配合治疗，有利于提高他们的生命质量、延长生命。艾滋病威胁着每一个人，预防艾滋病，人人有责。

器官捐献

21世纪以来，我国医学技术迅速发展，越来越多的医学难题被逐步攻克，器官移植就是其中之一。曾经无法治愈的脏器衰竭患者通过器官移植技术重获新生。器官捐献已成为我国器官移植手术的主要来源。因此，器官捐献是一种能治病救人的社会公益行为，且受中国人体器官捐献管理中心的监督。

中国人体器官捐献管理中心的标志

2023年10月20日，国务院通过的《人体器官捐献和移植条例》中提出，器官捐献是指自愿、无偿提供具有特定生理功能的心脏、肺脏、肝脏、肾脏、胰腺或者小肠等人体器官的全部或者部分用于移植的活动。

器官移植中，将本人器官捐赠出来给他人进行移植手术的人称为供体，而接受供体器官的患者称为受体。根据供体的来源，器官捐献可划分为活体捐献和遗体捐献两种。活体捐献是指捐赠人自愿将自己身体内部的器官捐赠给受赠人的行为；遗体捐献是指捐赠人在其生前表示愿意死后捐赠器官或者其近亲亲属同意进行捐赠死者器官的行为。无论活体捐赠还是遗体捐赠，最核心的内容是要求"自愿""无偿"。

> 在我国《人体器官移植条例》中有明确说明，规定供体应是具有完全行为能力的自然人，未成年人和精神病人都不能成为活体供体。该条例对活体供体的范围进行了严格限制，目的是保护不具备完全行为能力的群体。

随着我国社会经济的发展和医学技术的进步，器官捐献也在发展，那么器官捐献所面临的问题有哪些呢？

比如湖南某地两个家庭中都有一个尿毒症患者，急需肾移植手术来挽救两人的生命，但他们各自家庭亲友中均没有配型成功的肾脏。后来，某

中国人体器官捐献志愿登记卡

三甲医院对两家人分别进行了配型，发现两个家庭中在对方家庭里存在配型合适的肾源。如果两个家庭进行"交叉换肾"，那么两位病人都可以得到救治。但是该三甲医院否决了该手术，认为其供体与受体的关系不符合我国《人体器官移植条例》的要求。

通过上述案例，我们看到器官捐献目前存在的问题有：器官捐献的相关法律法规不完善，器官捐献的供体和受体的限制不够合理。例如在我国《人体器官移植条例》中第10条规定：活体器官的接受人限于活体器官捐献人的配偶、直系血亲或者三代以内旁系血亲，或者有证据证明与活体器官捐献人存在因帮扶等形成亲情关系的人员。条例限制了活体器官的受体，同时也限制了供体的

来源，在一定程度上避免了贩卖器官的发生，但是也使得器官捐献事业的发展受到了限制。除了以上问题，由于器官捐献涉及人的尊严，我国很多人长期秉持着"身体发肤，受之父母，不可损伤"的认知，很难接受器官与自己身体分离的行为，这些传统观念给器官捐献带来较大的阻力。

面对器官捐献的上述问题，我们至少应该从两方面入手去解决：一方面是需要深入研究器官捐献，建立关于器官捐献完善的法律法规，以便更好地促进器官捐献事业的发展；另一方面是增强人们对器官捐献知识的教育，提高人们对器官捐献的认识，同时还要做好有关器官捐献等医学常识的宣传工作。这样才有助于克服传统观念的限制，提高人们对器官捐赠的认同。有调查发现，人们的文化程度越高，器官捐献的意愿就越高；有从医人员的家庭，器官捐献的意愿也比其他家庭高；接受过器官捐赠知识教育的人员捐赠意愿也更高。除了以上措施以外，还可以建立完善的器官捐献奖励机制，也可以一定程度上促进器官捐献的发展。

人体器官捐献是一项社会公益事业，其为他人重获健康或生命提供了可能，这是造福人类的善举，是社会文明的体现。器官捐献需要人们对器官捐献有一定的认知和充分的认同，形成有利于人体器官捐献的社会新风尚。

碳达峰与碳中和

随着经济社会的发展，为了更好地满足人民日益增长的美好生活需要，提升社会经济绿色低碳发展、加快生态文明建设越来越重要。为此，我国向世界承诺力争2030年实现碳达峰与2060年实现碳中和的目标。碳达峰是指在某一个时间点，二氧化碳的排放不再增长，达到峰值之后逐步降低。碳中和是指企业、团体或个人测算在一定时间内直接或间接产生的二氧化碳排放总量，然后通过植树造林、节能减排等形式，抵消自身产生的二氧化碳排放量，实现二氧化碳的"零排放"。

与发达国家相比，我国达成"双碳"目标的时间比较短，从提出碳达峰到预期达成目标的时间只有10年，这意味着我国的CO_2排放量需要在短期内达到峰值，且增长的速度不能过快。我国碳达峰到碳中和的时间只有30年，而欧盟承诺的达成"双碳"目标的时间是我们的2倍多。从已完成"双碳"目标的国家来看，时间大多也是50年左右，这意味着我国完成"双碳"目标所面临的挑战更艰巨，需要付出更多的努力和采取更有效的措施。

　　我国是世界人口大国，目前发展正处于高速高质量上升时期，必然会消耗大量的能源。而我国的发展过度依赖化石燃料，从而造成了CO_2的排放量超过了自然界中CO_2的吸收量。过量的CO_2排放会引起全球气温上升，这也说明经济发展与"双碳"目标可能有矛盾，就需要政府和市场共同调节，才能使经济发展与"双碳"目标共同前进。目前发展低碳技术和绿色经济是我国保证高速高质量发展的关键所在。但我国目前对低碳技术的研究不足，相关技术性人才也存在着缺口，这就需要进行创新性研究，并且需要加大对低碳技术人才的培养。

　　我国居民的生活与碳的排放息息相关。日常生活中，人们使用的交通工具会排放CO_2，人们做饭时使用的天然气等也会产生CO_2，特别是在冬天，CO_2气体的排放量与其他季节相比会增加不少，因为人们会增加使用煤炭等作为取暖的手段。如何才能确保居民生活不会严重受"双碳"目标施行的影响，这是需

田野上的风车

要进一步研究和解决的问题。

我国温室气体主要来源于工业和电力行业，这一部分的CO_2排放量占CO_2总排放量的85%，居民消费和交通行业释放的CO_2的占比分别为7%和8%。可以看出，温室气体排放主要来自化石燃料的燃烧和电力生产，因此，为减少碳排放，应该发展清洁能源、可再生能源等绿色经济替代含碳能源，是进行能源转型、达成"双碳"目标的必经之路。

中国二氧化碳排放行业分布情况

工业	电力	居民消费	交通行业
40%	45%	7%	8%

我国的能源消费主要分为煤炭、原油、天然气、电力等能源的消耗。根据国家统计局的数据，2016—2018年，我国日均能源消费量占比最多的是煤炭，其次就是石油。

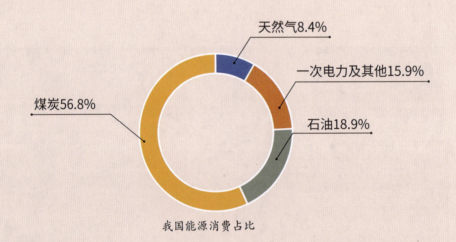

我国能源消费占比

低碳经济是以"尽可能地减少煤炭、石油等高碳能源消耗，减少温室气体（CO_2）排放"为核心的新型经济。这也是人们给正在"发烧"的地球进行"退烧"的重要措施。

随着"双碳"目标的提出，同时也要助力"双碳"目标的实现，我国生态文明建设进入以降碳减排为重点战略方向、低碳经济以及绿色经济的发展阶

新能源汽车充电站

共享电单车

段。目前的降碳减排需要通过个人、社会和国家共同实施，只有这样才能真正地实现"双碳"目标。

　　"双碳"目标实现的主要力量是政府，政府制定一系列政策和措施，如加大对清洁能源和低碳技术的投入，推动能源结构转型；建立能源消费信用体系，减少碳排放；加强环境监管和执法力度，保障环境质量。其中，推动能源结构转型是重中之重。一方面，改革能源消费方式，大力发展清洁能源。我国地大物博，拥有平原、山丘等多种地形，根据各地实际情况可以考虑太阳能、风能、水能等清洁能源对不可再生能源的替代。天然气也是我国实现碳达峰目标的重要工具。另一方面是改革能源消费结构，推进新能源的结构优化。目前我国大力推行的新能源汽车就是能源消费改

革的重要举措。国际能源署的数据显示，全球
交通运输的碳排放量占全球总碳排放量的1/4，
而道路运输又占了交通运输碳排放量的3/4。新
能源汽车将电能作为汽车的动力，减少了传统
的石油或者天然气作为燃料的碳排放量。

绿色出行储物篮子

　　实现"双碳"目标，政府的作用是重中
之重，但是也离不开个人和社会的力量。一方
面，要做好积极的宣传工作。在日常生活中，
我们可以利用所学知识，积极宣传减碳降碳的知识。另一方面，我们要从自身
做起，从小事做起，减少碳排放量。在衣、食、住、行等方面，践行简约适度
的生活方式。比如，使用篮子购物，并循环使用；拒绝使用一次性木筷，尽量
少用一次性物品；认真做好垃圾分类；出行尽量步行、骑单车或乘坐公共交通
工具等；积极参与义务植树活动，节约用纸以减少林木砍伐；购买使用节能电
器、节能环保型汽车等低碳产品。让自己成为"绿色达人"，使低碳生活成为
习惯，汇聚而成的绿色潮流，将为减污降碳提供澎湃动力。

垃圾分类桶

垃圾智能分类亭

第 5 章
动物福利

　　地球上的动物无奇不有，它们有的在高空中翱翔，有的在地面上漫步，有的在水中畅游。它们是飞禽走兽，是万物之灵；它们自古是人类的伴侣，是大自然对人类的馈赠。人类应该如何对待这些朋友？我们能给予它们什么？它们该享有怎样的权利？

　　白居易的诗句："劝君莫打三春鸟，子在巢中盼母归。"通过拟人手段，倡导人们对动物生命的关爱和尊重；孟子的"君子之于禽兽也，见其生，不忍见其死；闻其声不忍食其肉"，表达了人类对动物被屠杀之前的恐惧和痛苦的怜悯之情。研究动物福利，就是换一个角度去理解动物，去平衡人类利益与动物利益的关系。推广动物福利，也是弘扬优秀中华文化。

动物与人类的关系

地球上的生命体绚丽多彩，动物更是富有灵性的存在。从肉眼难以看到的单细胞动物，到处处可见的多细胞动物，从千姿百态的海洋动物，到形形色色的陆生动物，动物早已和人类共同生活在一起，我们已然成为生物圈中的命运共同体。

动物的类型

你知道世界上的动物究竟有多少种吗？生物学家们认为，地球上的动物起源可以追溯到大约6亿多年前的寒武纪，目前地球上已知的动物约有150万种。根据动物的形态结构和生理功能等特征的相似性，可将动物分为无脊椎动物和脊椎动物两大类。我国野生动物资源丰富，仅陆栖脊椎动物就有2100多种，其中兽类450多种，鸟类1180多种，爬行类320多种，两栖类210多种。根据动物对人类的作用，又可将动物划分为实验动物、农场动物、伴侣动物、野生动物、娱乐动物等。

奔跑的骏马

实验动物

实验动物是指经过人工培育，对其携带的微生物实行控制，遗传背景明确、来源清楚，经检测符合一定质量标准，可用于科研、教学、检验以及其他科学实验的动物。全球每年约有10亿只实验动物为人类的科学探索献身。最常用的实验动物有小鼠、大鼠、豚鼠、犬、家兔、蟾蜍等。

农场动物

农场动物通常是指在农场中饲养的动物，主要用于生产食品，也可作为助力工具，还可以给人们带来经济利益的动物，主要包括猪、牛、羊、禽类等。

绵羊　　　　　　　北京黑猪

野生动物

　　野生动物指在大自然的环境下生长且未被驯化的动物，有广义和狭义之分。广义的野生动物泛指兽类、鸟类、爬行类、两栖类、鱼类及软体动物和昆虫类；狭义的野生动物指除了鱼类、软体动物和昆虫类以外的上述各类动物，即包括兽类、鸟类、爬行类和两栖类。

伴侣动物

　　伴侣动物是指以陪伴、娱乐、帮助人类为目的而饲养在家庭等类似场所的、能够与人类共同生活且不会严重损害其天性的驯养动物，包括家养的狗、猫、鸟、兔、观赏鱼等。

戴胜鸟

橘猫

动物与人类生活的关系

　　"牧人驱犊返，猎马带禽归""山气日夕佳，飞鸟相与还""江上往来人，但爱鲈鱼美"……在我国古代的诗词歌赋中，有许多关于动物、动物与人类关系的描写。透过这些诗句，我们能感受到人们对动物充满着丰富的情感，有的是深厚的依赖，有的是满心的喜爱，有的是深深的敬仰，这些情感都表达了"人类与动物和谐共处"的美好追求。

　　时至今日，地球上人口数量剧增，社会经济文化持续发展，工业技术不断推陈出新，动物与人类也在相互影响中共同变化发展。人们对动物的利用，动物对人类的影响，已经远远超过了以前，动物与人类的关系日趋紧密而复杂。

资料卡

野生动物与人类的关系

资料1

利用DNA差异进行检测是鉴别不同物种之间亲缘关系的一种非常有效的手段。猴的DNA与人和猿的DNA有7%不同，黑猩猩与倭黑猩猩的DNA差异只有0.7%，人类与两种黑猩猩的差异只有1.6%，人类与大猩猩的DNA差异较大，约2.3%。

资料2

世界卫生组织调查统计，每年约有65万人死于与流感病毒相关的呼吸系统疾病。禽流感病毒的自然宿主是野生水禽，因禽和人上呼吸道上皮细胞中的唾液酸受体不同，大多数禽流感病毒不能直接感染人。然而，流感病毒跨种传播感染人的事件不断发生，新型流感病毒不断出现，2009年全球流行的甲型H1N1流感病毒，就是由猪传染给人，然后在人群中流行的。

资料3

世界自然基金会2018年年度报告显示，由于人类活动、气候变迁以及人们的猎杀，野生动物的数量正以可怕的速度减少。1970—2014年，全球野生动物种群数量消亡了60%，几乎每一秒都有野生动物从地球上消失。

资料4

全世界很多野生动物的交易是非法和非正式的。根据野生动物保护协会的统计，全世界每年野生动物贸易大约为：鸟类400万只、爬行动物64万只、灵长类动物4万只。这些动物被当作食物吃掉的数量更是大得惊人。专家估计，在非洲中部，消费者每年要吃掉5.79亿头野生动物，总重量达10亿千克。

吸蜜鸟　　　　　　　　　　　　　　　　袋鼠

　　动物不仅是人类重要的食物、药材、工业原料等的来源，在推动人类科学研究的进程中也作出过突出贡献。动物及其生存环境经过长期的相互选择形成了稳定的生态系统，为人类的生存提供了宝贵资源。当人类开始利用工具捕捉、驯养、培育动物时，人类就能比其他动物获得更多的物质和能量，这也大大提高了人类适应环境的能力。自然界中有些动物还具有超越人类的感觉系统，它们比人类更能感知环境的细微变化，所以当自然灾害来临时，动物的一些特殊行为还能给人类提前预警。有实验表明，有的动物已经具备思考的能力，例如猫、狗等。人们通过饲养猫、狗等宠物，不仅能够满足人类欣赏或娱乐的需求，还能为人类提供感情陪伴，部分动物日益成为人类的生活伴侣。

　　总之，动物对于人类而言是无法替代的，没有动物的世界将不再美丽动人。然而，人类对于动物的故意伤害甚至虐待问题频频发生，人类对动物的猎杀、农田的开垦、化学农药的使用等更是进一步缩减了动物的生存空间，也加剧了动物的消亡速度。著名生态学家利奥波德说："野生动物曾经哺育了我们，并且形成了我们的文化。它们现在仍然为我们提供闲暇时光的欢悦，可我们却在试图靠现代机械去得到欢悦，从而毁灭了它们的价值。"

　　我们从动物身上获取了很多价值，而我们对动物的关心和关爱却很少，导致它们的生存都受到了影响。面对动物与人类的矛盾冲突，只有人类主动友好地与动物和谐共处，才能得到有效的解决，动物也才能更好地为人类所用。保护环境、保护动物，这不能只是一句口号，更应该是一种觉醒，是每一个现代文明人该有的自觉行动。正如环保人士和学者的普遍观点：人类不过是自然的一部分，人类与动物的共存共荣才是人类真正可持续发展的未来。

动物与人类健康的关系

　　世界卫生组织提出，健康是身体上、精神上和社会适应上的完好状态。许多研究表明，动物对人体健康有着重要的影响。首先，动物在人畜共患病的传播中作为传播媒介或作为传染病的动物宿主。研究发现，1415种人类病原体中有61%属于人畜共患病原体，因此，野生动物很可能把身上的病毒传染给猎人

红嘴鸥

大蓝鹭及鸭子

和交易者，它们还有把病毒传染给家畜的危险。每年因野生动物贸易至少会有数十亿次人类、家畜引发的直接和间接感染，病毒会传播到世界各地，造成某些疾病的全球大流行。由此可见，当我们在捕食或买卖野生动物时，我们极有可能在自食其果，残害人类自身的身体健康。其次，动物能在一定程度上预防或缓解人类的精神疾病，提高人的社会适应性。心理学研究证明，人类残暴对待动物的行为会增加人类的暴力倾向，伴侣动物和观赏动物对缓解人类的心理压力以及满足人类的情感需求有积极作用。对于独居的人，犬是最好的伴侣。犬不仅能与独居的人进行交流互动，经过训练后还能起到报警的作用。

你能想象没有动物的世界，人类的生活将是什么样子的？

动物福利与人类利益

有这样一群奶牛，他们闲暇时光可以在青青草地上自由自在地活动，饿了可以快乐享用特制的饲料，渴了可以在饮水箱尽情畅饮，累了可以舒服地卧床休息，脏了可以来一次全身清洁，排便还可有专用马桶，挤奶时有先进的挤奶设备保证奶牛没有痛苦……他们就

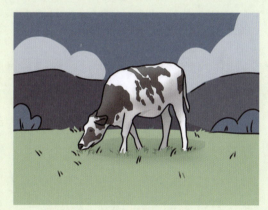

福利奶牛图示

是充分享受动物福利的奶牛，他们产的奶就是一种动物福利产品。

那么，什么是动物福利呢？

动物福利的概念

　　动物福利一词最早源于欧洲，动物福利的提出源于人们反对虐待动物，所以早期的动物福利概念主要是指禁止虐待动物。20世纪中期以后，伴随农业产业化和生物医学研究的迅猛发展，人类与动物的关系也日趋复杂，动物为此遭受的虐待和痛苦也逐渐增多。动物福利在此期间得到了迅猛发展。随后，英国布拉姆贝尔教授提出了最初的农场动物"五大自由"：站立、躺卧、转身、梳理自己、伸展肢体的自由。在此基础上，由农场动物福利委员会提出的五个内容发展成为国际通识的动物福利"五大自由"原则。这些原则是目前人们普遍认可的动物福利的主要内容和评价架构，这也意味着动物福利并不仅仅是单一的反对虐待动物，而是全面地提高动物的生存质量。

"五大自由"原则的内容

　　享有不受饥渴的自由。动物应该有充足的食物和清洁的饮水等基本生存保障。

　　享有生活舒适的自由。人们应该为动物提供适当的栖息之所，使之能够舒适地睡觉和休息。

　　享有不受痛苦、伤害和疾病的自由。人们应该为动物做好疾病预防和及时的治疗，保证动物不受伤痛之苦。

　　享有表达天性的自由。人们应该为动物提供足够的活动空间、适当的设施以及与同类动物伙伴在一起，使动物能够自由表达正常的生活习性。

　　享有生活无恐惧和无悲伤的自由。人们应该提供能保证动物免受精神痛苦的各种条件和处置，如宰杀牲口应在正规屠宰场进行。

　　"五大自由"分别对应着动物的生理、环境、卫生、行为和心理五个方面的福利内容，这五个方面就是动物福利的构成要素。福利奶牛就是充分落实了"五大自由"的典例，福利奶牛的各项需求得到了充分满足，生活生产都少有痛苦。

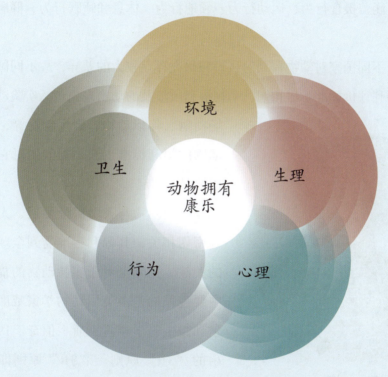

动物福利的基本内容示意图

　　由此可见，动物福利就是动物处于基本需求得到满足、痛苦被降到最低的状态。动物福利的核心原则就是让动物避免遭受痛苦，拥有健康与快乐，即康乐。

　　在"五大自由"的框架之下，应该如何去评价动物福利的优劣？不同动物的福利标准一样吗？动物福利的标准越高越好吗？

动物福利的评价及标准

　　多年来，国际通用的评判动物福利优劣的做法主要是利用生理学和行为学指标来进行评价。生理学的评价主要是动物在受到刺激时所做出的各种应激反应，往往通过测定血液中糖皮质激素、肾上腺素、甲状腺激素、胰高血糖素等"应激激素"的变化作为评价机体应激反应强度的重要指标。行为学指标主要是通过观察动物的行为是否正常来加以评判。动物行为包括个体行为和种群行为，具体涵盖摄食行为、运动行为、领地行为、休息和睡眠行为、群居行为和性行为等。

由于不同国家对动物福利的认识和研究存在较大的差异，故不同国家制定的动物福利评价标准不尽相同。动物福利所涉及的动物主要包括实验动物、农场动物、伴侣动物、野生动物等，每一种动物的福利标准也会根据人们对它们的利用情况来制定。

实验动物与人类医学发展、人体健康等密切相关，其福利标准受到全球科学界的关注。国际上对于实验动物的福利标准主要遵循的是由英国动物学家威廉·拉塞尔和微生物学家雷克斯·伯奇于1959年提出的"3R"原则。"3R"原则即减少、替代和优化。"减少"就是要求实验人员在实验中尽可能减少实验动物的使用数量，提高实验动物的利用率和实验的准确性；"替代"就是使用其他方法而不使用动物进行实验，例如以组织细胞培养、计算机模型以及统计分析等方法来加以替代活体动物；"优化"即通过改进和完善实验程序，减轻或减少给动物造成的疼痛和不安。

实验动物——小白鼠

农场动物——黑山羊

　　虽然农场动物因具有食用性而受到人们的特别关注，但由于农场动物、伴侣动物、娱乐动物等福利标准与动物的种类、国情、民族文化、生活习俗、饮食习惯、生产方式等多种因素有关，所以不同国家制定的动物的福利标准会不一样。2014年，我国首部农场动物福利标准《农场动物福利要求 猪》通过了专家审定，这部标准的制定从我国的科学技术条件和社会经济条件出发，参考国外先进的农场动物福利理念，填补了国内农场动物福利标准的空白。该标准适用于农场动物中猪的养殖、运输、屠宰及加工全过程的动物福利管理。该标准的出台，对促进我国畜牧业的良性发展和动物源性食品质量安全具有重要意义。

　　野生动物的福利标准在科学界还没有达成共识的定义。国际上通识的动物福利更多关注家养动物，人工繁育的野生动物福利多少也有些保障，但在自然环境中生存的野生动物福利研究却还很少。

　　目前，已经出台的动物福利标准都在"五大自由"的框架下设立，它们应当符合本国国情和社会发展的需要，并不是福利标准越高越好。

野生动物——老虎

伴侣动物——狸花猫

资料卡

资料1

在羽绒行业中，活体拔毛（又称"活拔绒"）是最高效的采集技术。2009年，一些消费者因"活拔绒"存在虐待动物的可能性而开始抵制羽绒制品，当年我国羽绒行业的出口总额比上年同期下降了16%。

资料2

研究表明，在屠宰食用动物时，如果采用人道的方法使动物无恐惧、无痛苦地死亡会大大提高肉品的质量。如果动物在屠宰过程中受到较大刺激，例如目睹其他动物被宰杀的过程，就会使动物分泌出大量肾上腺素等激素和毒素，出现免疫力下降、产乳量下降并诱发形成苍白多汁的白肌肉或黑色坚硬的黑干肉。白肌肉使肉的口感下降，较之前发干，而黑干肉pH升高，容易滋生微生物而导致肉腐败变质。人们食用这些肉会对人体健康造成危害。

动物福利与人类生产生活

有人说，人的福利都还没有解决好，需要考虑动物福利吗？动物福利与人类利益有冲突吗？

满足动物福利的"五大自由"，短时间内的确需要人类更多的付出和投入，但动物福利能给人类带来长久的利益，包括社会效益、经济效益和生态效益。许多实验表明，动物是有感觉和情感的，它们作为一种有感觉的生命存在，其天性需要得到人类的认同。从社会发展的角度来看，增强对动物的保护意识，这不仅是人类社会文明发展的标志，更有利于人们形成珍爱生命的价值观，为构建和谐社会奠定基础。从上述资料中我们看到，充分享受动物福利的农场可以最大限度地提高生产力，能增加畜牧业的经济效益；不尊重动物福利的农场，其动物产量和品质都会下降，威胁人体健康。在国际畜牧业的交易中，不符合福利标准的动物产品还会遭遇贸易壁垒（又称贸易障碍，主要是指一国对外国商品劳务进口所实行的各种限制措施），严重制约着畜牧业的发展。从生态系统的角度来看，动物主要是生物圈中的消费者，他们受环境影响的同时也在影响着环境，进而影响人类。例如，随着畜牧养殖业的蓬勃发展，畜牧生产中产生的动物排泄物和动物尸体等废弃物，对生态环境会造成严重的威胁。废弃物中含有高浓度的氮、磷等，进入水体后可引起水体富营养化、土壤板结。废弃物中的重金属离子，如 Fe、Cu、Mn 等难以被降解而带来重金属污染。污水中的抗生素等药物，会破坏正常的微生物生态环境，导致大量耐药菌株的出现。如果我们能增进对动物的保护，提高动物的多样性，就能加快生物圈中物质循环的速度，提高生态系统的稳定性，更有利于人类的生存。

　　总之，动物与人类是密不可分的。就在我们的身边，虐猫、虐狗等事件却频频发生。在畜牧业生产中，滥用抗生素、过度饲养、限制活动、暴力运输与屠宰等非人道的行为普遍存在，最终导致畜牧产品的品质降低，进而对人体健康造成潜在威胁，严重制约着畜牧业的发展。显然，这些不良行为与社会文明发展格格不入，保护动物、给予动物福利的呼声越来越高。普及动物福利的理念在动物保护中的作用已不容忽视。动物福利不是片面的保护动物，而是在兼顾生产时考虑动物的福利状况，并反对使用那些极端的生产手段和方式。

西门塔尔牛

阅读卡

动物实验替代新技术

传统的动物实验研究是推动生物科学和医学发展的基础方法，但这一方法也存在着较大的局限性。例如，动物模型与人体相差较大，将结论直接推广至人体存在困难；实验动物存在个体差异，为获取具有统计规律的数据，需进行大样本实验，耗费大量人力和物力，且存在伦理问题；有些实验需要极端的实验条件，并且具有实验周期过长等困难。

随着动物福利的发展，人们对动物保护意识在逐步提高，这对传统的动物实验及动物实验教学造成一定的阻力。目前，科学家们都在努力寻找动物实验的替代方法。

动物虚拟仿真实验是通过计算机技术、3D建模和虚拟现实技术，实现对动物解剖、生理、病理等方面的模拟。学生可以通过软件自由探索、操作和学习，避免了使用动物进行实验可能带来的伦理问题和操作风险。同时，虚拟仿真实验还可以提供不受材料、时间、空间限制的极为真实的实验场景，让学生能够在反复训练的过程中更深入地了解和掌握相关知识和技能。目前，高清晰度的三维解剖计算机模型已用于解剖学教学，可在一定意义上取代动物解剖。

类器官芯片是一种在芯片上构建的器官生理微系统，以微流控芯片为核心，通过与细胞生物学、生物材料和工程学等多种方法相结合，可以在体外模拟构建包含有多种活体细胞、功能组织界面、生物流体和机械力刺激等复杂因素的组织器官微环境，反映人体组织器官的主要结构和功能特征。类器官芯片可广泛应用于药物筛选、疾病模拟、个性化医疗、毒性测试等领域。

相信随着这些新技术的进一步发展，能更好地推动动物实验的研究和人类医学的发展。

我国动物福利问题与展望

由南京农业大学、南京市社会科学院社会发展研究所的严火其、李义波等人进行的中国公众对"动物福利"社会态度的问卷调查结果见下表。

中国公众对"动物福利"社会态度的问卷调查结果

中国公众对动物福利社会态度	人数（n）	选择人数/调查总人数/%
A.以人为中心（猪、鸡只是畜生，人们要怎么对待就怎么对待）	4314	72.9
B.将动物视为工具手段而善待动物（为保障动物产品的质量安全，应该改善猪、鸡的饲养条件）	1135	19.2
C.动物本身享有某些基本权利（猪、鸡也应当像人类一样享受快乐，少受痛苦）	468	7.9
调查的总人数（N）	5916	100

上述调查结果说明，我国民众对动物福利的概念及认知还比较陌生，人们利用动物福利理念来保护动物的意识还比较淡薄，我国的动物福利问题还比较突出。

关注我国动物福利的主要问题

» 农场动物的福利问题

畜牧业是我国农业中的优势产业，尤其生猪、禽和羊的存栏量已经位居世界首位。目前，饲养者对这些动物的福利问题关注远远不够。常见问题有：

1. 养殖密度过大，饲养环境差

动物没有充足的活动空间，吃喝拉撒都在狭窄的空间中进行，这必然导致空气质量严重降低，容易出现病菌传播等问题。

养殖场中的长白猪

2. 滥用药物问题突出

养殖人员为了缩短生产周期，常常会使用促生长、促育肥、改善体型等药物添加剂，甚至违规使用一些明令禁止的人类药物，例如瘦肉精（一类β-肾上腺素受体激动剂的统称），其用于动物饲料能促进瘦肉生长、抑制肥肉生长。瘦肉精包括数十种化合物，其主要成分是盐酸克伦特罗，是一类治疗呼吸道疾病的药物。人食用含有大量瘦肉精的肉类后，会出现头晕、头痛、恶心、呕吐等中毒症状，对高血压、心脏病等患者的危害更大。目前包括中国、欧盟在内的很多国家都严禁将瘦肉精添加于动物饲料中。这些药物的不合理使用会对动物造成极其严重的后果，而且药物难以全部从动物体内排出，最终就会通过食物链进入人体内，深度危害人体的健康。

3. 运输中的问题

畜群运输过程中，往往存在运输时间长、饥渴、拥挤、被粗暴驱赶等情况，导致畜群的应激反应增强。

4. 屠宰的问题

《中华人民共和国畜牧法》第六十五条规定，国家实行生猪定点屠宰制度。对生猪以外的其他畜禽可以实行定点屠宰，具体办法由省、自治区、直辖市制定，农村地区个人自宰自食的除外。但即便如此，在我国依然存在私自屠宰生猪等情况，往往还存在暴力屠宰的行为，有的地方还出现屠宰前注水来增重等违规行为。

» 实验动物的福利问题

全球每年约有10亿只实验动物为人类的科学探索献身。目前，实验动物福利存在的主要问题是对"3R"原则重视不够，不能够严格按照"3R"原则来执行。具体表现在：

部分实验人员对实验动物的生命缺乏足够的尊重和敬畏，尚未形成良好的珍爱生命的价值观。尤其是在高职院校的动物实验教学中，部分学生粗暴抓取动物、给药技术不娴熟、麻醉不到位等，让实验动物出现恐惧心理、剧烈挣扎、发出痛苦叫声、攻击人甚至死亡等。

滥用实验动物。由于实验动物在实验前的饲养环境不达标，导致实验动物在进行实验时不符合标准而被舍弃；由于操作人员的技术不规范，导致反复进行实验而造成实验动物的浪费等，都违背了减少原则。

实验动物的使用频率高，替代较少。由于教学理念及教学方法陈旧，使科学实验主要还是依赖活体实验动物来进行。

资料卡

> 每年的4月24日，是"世界实验动物日"，这是1979年由英国反活体解剖协会（NAVS）发起的重要的实验动物保护节日，呼吁人类减少和停止不必要的动物实验。世界实验动物日是受联合国认可的、国际性的纪念日，旨在倡导科学、人道地开展动物实验。

» 伴侣动物的福利问题

1992年，中国小动物保护协会成立，开始宣传把宠物作为伴侣的理念。经过短短30年的发展，我国宠物行业发展已经日趋成熟。伴随着越来越多的家庭饲养宠物，伴侣动物的福利问题也逐步浮现出来。

1. 滥用暴力

有的饲养人会恶意折磨伴侣动物，使其致残致死。

2. 故意虐待

饲养人不提供食物和水，或者不提供良好的生活环境给伴侣动物，导致伴侣动物身心健康受到伤害。

3. 遗弃

饲养人故意把伴侣动物放归社会，让其成为流浪伴侣动物，往往导致流浪伴侣动物要么因为丧失了来自人类的关心和照顾而带来心灵创伤，要么因为缺乏独立生活能力而死亡等问题。

4. 运输

我国没有伴侣动物的专业运输渠道和标准，通常就是汽车运输，所以伴侣动物在运输过程中就面临着拥挤、缺氧、高温等不良环境，可能影响伴侣动物的存活率。

» 野生动物的福利问题

我国国土幅员辽阔，自然地理环境复杂多样，具有丰富的生物资源。世界自然基金会发布的《地球生命力报告·中国2015》指出，1970年至2010年间，中国陆栖脊椎动物种群数量下降了49.71%，两栖爬行类下降了97.44%，兽类下降了50.12%。我国野生动物数量急剧下降的主要原因包括：栖息地面积减少，生存环境的污染、恶化，偷猎和违法交易的存在等。此外，我国2016年出台的《中华人民共和国野生动物保护法》虽然进一步增强了野生动物福利保护的内容，但强调的是对珍稀、濒危野生动物的福利保护，对于普通野生动物福利的考虑依然不足。

综上所述，我国的动物福利问题较多。如何才能从根本上改变这一局面？结合国内外已有的经验，通过立法制定相应的动物福利标准，并通过执法部门加大督促与监管，应该是我国动物福利发展的趋势。

资料卡

世界动物日是每年的10月4日。"世界动物日"源自13世纪意大利修道士圣·弗朗西斯的倡议。他长期生活在阿西西岛上的森林中，热爱动物并和动物们建立了"兄弟姐妹"般的关系。他要求村民们在10月4日这天"向献爱心给人类的动物们致谢"。弗朗西斯为人类与动物建立正常文明的关系做出了榜样。后人为了纪念他，就把10月4日定为"世界动物日"，并自20世纪20年代开始，每年的这一天，在世界各地举办各种形式的纪念活动。

» 我国动物福利发展现状及展望

动物福利立法保护的开端是在英国，英国人道主义者查理·马丁提出的《马丁法案》是世界上第一部动物福利法案。从此，动物福利逐步由社会问题发展为法律问题。在今天看来，动物福利还是一个经济问题，越来越多的人认识到了动物福利的经济属性，这也大大促进了动物福利的发展。同样的，我国动物福利的发展也经历了"社会讨论—法律支持—经济影响"三个阶段。

1. 社会讨论阶段

社会讨论主要是源于网络上流传的一些虐待动物的事件，这些事件不断地激起民众对虐待动物行为的憎恶，也在社会上掀起了一些关于人类与动物关系的讨论，"动物福利"一词渐渐走入我国民众的视野。

2. 法律支持阶段

虽然目前在我国仍没有一部专门针对动物福利的法律法规，但这不意味着我国没有与动物福利相关的法律法规。早在1988年，我国出台了第一部关于保护动物权利的法律《实验动物管理条例》，从饲料、饮水、垫料和从业人员四个方面体现了动物福利思想；1997年，我国《关于"九五"期间实验动物发展的若干指导意见》第一次体现了实验动物福利和"3R"原则，这标志着我国对实验动物保护相关法律的完善。2001年经过修改后将"动物福利"写入法律；2005年，北京科委出台《北京市实验动物福利伦理审查指南》，详细介绍了科研所开展实验动物伦理审查的程序和要求；2006年，我国科技部发布《关于善待实验动物的指导性意见》，对实验动物的饲养、管理、使用、运输等方面的问题进行了规范；2006年，《国家科技计划实施中科研不端行为处理办法（试行）》明确将"违反实验动物保护规范"列为6种科研不端行为之一。目前，我国与动物福利有关的法规未能涵盖所有与人类关系密切的动物，主要涉及的是实验动物、珍稀的野生动物以及人类食用较多的动物。如何让更多的动物能够在立法保障的前提下享有康乐，这是我国动物福利立法发展的一个重要方向。

3. 经济影响阶段

目前，我国有一些企业或民众已经高度重视动物福利的问题，说明我国民众已经意识到动物福利对经济的影响，意味着我国动物福利发展进入经济影响阶段。随着全球经济一体化，相信我国还会有越来越多的企业和个体加入维护动物福利的队伍之中。

第 6 章
外来生物入侵与防控

外来生物入侵严重影响本地物种的多样性、生态系统的结构和功能，威胁当地生态安全甚至人民生命健康，阻碍我国经济发展。

紫茎泽兰是对我国危害最严重的外来入侵物种之一。若紫茎泽兰侵占草地，会造成牧草严重减产，常造成家畜误食而中毒死亡。若紫茎泽兰入侵农田、林地，则与农作物、林木争夺肥、水、阳光和空间，并分泌化学物质抑制周围其他植物的生长，严重影响本地生态系统。

防止外来生物入侵并对入侵物种进行防治就需要了解：外来生物入侵的途径是哪些？生物入侵的危害是什么？防治生物入侵的方法具体有哪些？

无论是有意还是无意，
生命的种子被带向远方。
在他乡的命运如何？
可能是乐园，
也可能是……

生物入侵及主要种类

随着全球化进程的加快，生物入侵已成为全球关注的问题。中国是世界上生物多样性最丰富的国家之一，自20世纪80年代发现外来物种对生态系统带来危害以来，生物入侵已经严重危及本地物种，特别是危及珍稀濒危物种的生存，影响生物多样性，对当地的生态系统结构和功能产生不良影响。

生物入侵

像福寿螺一样，出现在其过去或现在的自然分布范围及扩散潜力以外的物种，亚种或以下的分类单元，包括其所有可能存活繁殖的部分配子或繁殖体，这样的生物称为外来物种。

部分的外来物种到达新的生态环境后，因不适应环境从而导致种群的灭绝，但有些物种进入新的生境后，依靠自身强大的生存繁殖能力，迅速抢占当地资源，造成当地生态环境被严重破坏等。

外来物种都是有害的吗？明朝时，番薯、玉米、马铃薯等美洲粮食作物开始引入中国，其中番薯由于其独特的高产、易种植等优势，在我国得到广泛传播，至清朝末年已成为主要粮食作物之一，粮食产量迅速地提高，为人口增长奠定了基础。

鳄雀鳝是北美7种雀鳝鱼中最大的一种，肉食性鱼类，生性凶猛，其卵有剧毒，最开始作为观赏性鱼类引入我国。鳄雀鳝在我国缺少天敌，进入自然水域后，大量捕杀本地鱼类，导致其栖息的水域很少有其他鱼类生存，对我国土著鱼类构成极大威胁，严重危害当地生态系统。

福寿螺及卵

生物入侵主要具有两个层面的含义，一是人为或自然的原因由原产地迁移到异地；二是外来生物进入后，可以适应当地的生态环境，在当地的生态系统和自然环境中定居或繁衍，打破当地的生态平衡，并对本地的生物多样性造成严重损害。

适当的动植物引种有利于人类的生产生活。动物引种能极大地促进动物品种的改良，提高动物生产性能。中国荷斯坦奶牛是19世纪末期由我国的黄牛与当时引进我国的荷斯坦牛杂交的品种，中国荷斯坦牛在常规饲养条件下，通常一头母牛一年的产奶量在5000千克以上。

植物引种是指将一种植物从现有的分布区域或栽培区域人为地迁移到其他地区种植的过程。通过人工栽培、自然选择和人工选择，使外来植物能适应本地的自然环境和栽培条件，使其成为生产或观赏需要的本地植物。

我国主要生物入侵种类

《中国外来入侵物种名单》是我国政府发布的在我国危害比较大的入侵物种的名单。国家环保总局和中国科学院于2003年1月10日联合发布我国第一批外来入侵物种名单，名单包括紫茎泽兰、互花米草、水葫芦、薇甘菊、湿地松粉蚧等16种已对我国生物多样性和生态环境造成严重危害的外来入侵物种。

截至2020年8月，生态环境部发布的《2019中国生态环境状况公报》显示，全国已发现660多种外来入侵物种。

我国一直是深受外来有害生物危害的国家之一，辽阔的地域和多种气候类型使多种入侵物种都可能找到合适的栖息地。

不同生态系统中主要的入侵种

生态系统类型	代表入侵种
森林	松材线虫、微柑橘、虫腊树
草原	飞机草、水虱草、野莴苣、紫茎泽兰
农田	水虱草、棉红铃虫、苹果棉蚜、马铃薯甲虫
湿地	福寿螺、湿地松粉蚧、牛蛙
水域	水葫芦、水盾草、大米菜、梳妆水母
城市	白蚁、火炬树、多花黑麦草

　　紫茎泽兰是在世界范围内广泛传播的害草，是我国外来入侵物种中危害最严重的植物之一。紫茎泽兰会与本地物种争夺水分、阳光、养分和生存空间，严重影响了生物群落的结构和功能。

紫茎泽兰

生物入侵途径

所有的生物入侵都源于生物个体从原来生存地被带到未曾分布的地区或生态系统，到目前为止，大多数的外来生物入侵过程都与人类的活动有关，也可以自然发生。在研究外来入侵生物时了解其入侵的途径至关重要。

自然入侵

动物和植物都有一定的扩散能力。昆虫既能通过爬行进行近距离扩散，也能通过飞行或迁徙进行远距离扩散。植物则非常不同，种子成熟时大部分会自动掉落在植物的附近，其生长的空间就会受一定的影响，但是他们会利用各种方式把自己的种子传播到较远的地方，包括通过动物作为媒介进行传播。

紫茎泽兰起源于墨西哥和哥斯达黎加，大约20世纪40年代，由中缅边境借助风力自然入侵到我国云南省。首先出现在云南省南部，后逐渐扩散到四川、贵州、广西、西藏等地，蔓延速度极快。

红火蚁又被称为"美国火蚁"，原产于南美洲，但现在已经成为世界上最具破坏力的害虫之一。红火蚁可通过水流传播，例如在洪水灾害期间，它们的蚁巢可能被水冲走，从而到达其他地方。

红火蚁

入侵物种通过自身能力或者借助风力、水流、动物等自然因素进行的扩散属于自然入侵。鸟类可取食植物果实，当果实被采食后，种子在消化道内难以分解，随粪便排出，这些植物可通过鸟类进行远距离的传播。很多线虫能依附在昆虫的身体上，如松材线虫能寄生于松墨天牛的气管中，随着天牛扩散而传播。

有意引入

由于人类对自身利益进行考量，将外来生物迁移到其原始分布范围以外的地区，这种方式叫作有意引进。有意引进生物的目的有食用、药用或作为牧草、饲料、园艺观赏和宠物等，甚至为了防治对农业或是对人类有害的物种，会引入其天敌进行生物防治，有意引入的物种有可能成为入侵物种。

因作为牧草或饲料引进而造成入侵的例子很多，例如水花生、蓖麻、紫苜蓿和凤眼莲等。蓖麻是一种药用植物，

蓖麻

引入我国之后成为入侵物种，在农田和自然环境中大量繁殖，破坏当地生态系统。各地的动物园和植物园也会引进大量外来物种，这些外来物种都是在人为监管下生存的，但这些生物可能会发生逃逸，造成生物入侵。

巴西龟

　　巴西龟最开始是在20世纪80年代引入我国大面积养殖，由于我国很多地区有节日放龟的习俗，巴西龟被放生后，与其他本地龟类物种相比，因缺少天敌、气候环境适宜、适应环境能力更强，竞争优势明显，对当地生物多样性造成严重影响。

　　有意引入好似一把"双刃剑"，除了存在导致生物入侵的风险外，在保护原生态系统的基础上，有意引进也能够改变该地区的物种结构，增加食物链和物种多样性；其次，某些濒危物种在原栖息地无法存活下去，通过有意引入的方式将其转移到合适的地区继续生存，以此保护濒危物种。

无意引入

　　无意引入是入侵物种通过交通运输、贸易、旅游等人类各种类型的运输、迁移活动方式，进入新地区并传播扩散，是人为原因引起但主观上没有意图的引进。

　　近年来，我国进出口贸易往来密切，国际物流和跨境运输成为外来生物入侵的新途径。它们附着在快递包装的表面，不知不觉地进入我国境内，在相关部门毫无察觉的情况下，抢占本地植物的生存空间。早在20世纪初，大闸蟹通过压舱水进入德国，在德国大肆繁殖，破坏当地的鱼虾、水坝。尽管如此，德国在多年后才发现该外来入侵生物，此时治理为时已晚。

与社会的联系

　　中华人民共和国出入境检验检疫局是国家统一的出入境检验检疫机构，对出入境动植物及其产品，包括其运输工具、包装材料进行检疫和监督管理，防止危害动物的病菌、害虫、杂草种子及其他有害生物由国外传入或由国内传出，保护本国农、林、渔、牧业生产和国际生态环境及人类的健康。

生物入侵对生态系统的危害

在长期的进化历程中，动植物与生存环境形成了和谐共处的良好生态关系。生态系统中各种因素相互制约、相互促进，形成了一个稳定的生态系统。

生物入侵容易导致生态系统原有的平衡遭到严重破坏，造成入侵地原有生物群落的衰退，破坏当地生物多样性，威胁当地的生态环境安全和人民生命健康，导致农、林、牧、渔业遭受严重损失，阻碍我国农业生态建设的健康发展。

降低生物多样性

外来物种入侵后，会迅速蔓延开来，种群大量扩张，从而形成优势种群。外来物种与当地的物种互相竞争有限的资源和空间，直接破坏了当地的生态平衡，导致当地本土物种的退化，甚至被灭绝。

加拿大一枝黄花是作为插花中的点缀即观赏植物被引入中国的。这一外来生物引种中国后，在很短的时间内迅速发展为恶性杂草，繁殖力极强，根状茎发达，传播速度快，与周围植物争阳光、争肥料，最后导致其他土著植物死亡，破坏了当地的生物多样性。

破坏生态系统的结构

生物入侵不仅会降低生物多样性，也会影响生态系统的结构和功能。

水葫芦的快速生长会迅速占据水面，导致其他水生植物无法获得足够的阳光和养分而死亡，同时，水葫芦的大量繁殖会降低水体中的溶解氧含量，导致水生生物缺氧而死，而水生生物腐烂后会污染水质，进一步降低水体中的溶解氧，厌氧微生物大量繁殖，产生多种有毒有害物质，进一步加剧水体污染，最终可能会导致生态系统崩溃。

星云白鱼为云南高原湖泊星云湖特有的土著经济鱼类，太湖新银鱼被引入星云湖后，杂食性星云白鱼与肉食性太湖新银鱼都是主要以枝角类和桡足类的浮游动物为食的。星云白鱼竞争不过太湖新银鱼，但杂食性的星云白鱼食物来源更广，通过改变食物来源结构，如摄食水生昆虫、藻类、水草等，实现与太湖新银鱼共存，但也导致了星云白鱼种群及其他土著鱼类的衰退，造成星云湖食物网的生物多样性减少。

危害人畜健康

外来入侵生物也会对人畜健康造成一定的威胁，某些外来入侵植物具有毒性，可直接伤害牲畜。蒺藜草在生长初期与本地牧草极为相似，难以区分，但结籽成熟期因果实有刺，家畜采食成熟的刺苞后，刺苞会附着在肠胃等消化道的侧壁上，被黏膜包入形成结节，影响正常的消化吸收功能，造成畜体消瘦，严重时可造成肠胃穿孔而死亡。

外来入侵生物也对人类健康造成一定的威胁，例如，豚草花粉可引起人体的过敏性反应，易导致过敏性皮炎，危害人类健康。福寿螺是管圆线虫的中间宿主，食用福寿螺易感染管圆线虫病，导致头痛、呕吐甚至出现精神异常等症状。

探究 · 实践

调查当地入侵生物种类及对生态系统的影响

你是否了解你的家乡入侵生物的主要类型，是否已经影响到土著生物的生活，是否影响到居民的生产和生活呢？请查阅资料并调查有关情况，提出自己的意见并提出防治入侵生物的建议。

提示：

1. 确定调查的目标物种。应优先选择具有潜在威胁和广泛分布的物种作为普查对象，特别是与当地物种存在竞争关系，且繁殖力强、繁殖周期短、数量多，对当地生态系统造成负面影响的物种。

2. 确定调查的问题和方法。例如，实地调查所在地的主要外来入侵生物（植物、动物）的种类、分布范围、对当地生物的影响等。也可以通过文献调研或专家咨询的方式，了解当地生物入侵情况以及对生态环境和经济影响等，进行全面调查。

3. 确定调查的问题后，根据所调查的问题，拟定计划，确定分工，并选择合适的方法。如实地调查可以采用以下步骤：

第一步：确定调查区域和调查时间，并制订详细的调查方案。

第二步：根据调查区域的特点，将其划分为多个网格，并在每个网格中设置调查点。

第三步：在每个调查点进行观察和记录，包括物种名称、数量、分布范围等信息。

第四步：整理采集到的数据，并进行统计分析，绘制分布图和密度图等。

4. 通过调查，针对自己发现的现象，分析外来生物对本地环境的相关影响，得出结论。最后就如何防治外来生物，以及如何预防外来生物的入侵提出合理的建议。

应对生物入侵采取的措施

我国已成为遭受外来入侵生物危害最严重的国家之一，外来入侵生物严重影响我国社会经济的健康和持续发展。因此，加强有害生物的防控工作，对有效遏制当前外来生物灾害的发生具有重要意义。

对我国境内已有的入侵物种，要采用各种措施控制其数量，同时也要预防新的外来物种进入我国造成生物入侵。

外来入侵生物的防治措施

物理防治是利用工具或各种物理因素，如光、热、电、声波等防治入侵生物的措施。紫茎泽兰具有旺盛的生命力，铲除紫茎泽兰是灭除的重要措施。灭除时段应选择在紫茎泽兰开花前，集中人力在发生集中区开展连根铲除活动，对铲除的紫茎泽兰进行集中堆沤处理。水体中的水葫芦进行经常性打捞，也可有效控制扩散蔓延。

对福寿螺的防治可在春耕前清除灌溉渠中的淤泥、杂草以降低越冬螺源，稻田进水口安装尼龙纱网阻断福寿螺随水传播；根据福寿螺的产卵习性，在田间安插竹片等诱集福寿螺卵块，产卵高峰期人工摘卵拾螺然后进行销毁等。

生物防治就是利用生物或其天然产物以及生物技术控制有害生物的方法，包括传统的天敌生物、昆虫激素、信息素及转基因抗虫植物的利用等。

利用捕食性天敌是生物防治中的常用方法，如稻田福寿螺最理想的防治方法是推广稻鸭共育技术，利用鸭群取食福寿螺卵块和幼螺，达到降低危害的效果。水葫芦原产南美洲，原产地有一种叫水葫芦象甲的天敌，试验证明该昆虫对水葫芦有较强的专食性，对主要农作物如水稻、小麦、蔬菜、水生植物等均不取食、不寄生，是一种安全性较高的生物防治天敌昆虫。

生物防治的方法还有微生物防治，常见的有利用真菌、细菌、病毒进行防治，如利用苏云金杆菌产生的内毒素和外毒素防治害虫。还可利用寄生性天敌防治，主要有寄生蜂和寄生蝇，最常见的有利用赤眼蜂和寄生蝇防治松毛虫等多种害虫。

生物防治具有对环境污染小、控效持久、成本较低的优点，但存在一定的生态风险性，应注意防止对本地其他物种造成危害。

对外来入侵生物的防治措施除了物理防治和生物防治外，还有化学防治，这种方法是直接使用化学药剂对生物进行灭杀，见效快，但在使用时需考虑对其他生物的毒害和对环境的污染问题。

预防外来生物入侵措施

防止生物入侵必须以预防为主，这就需要健全相关法律、法规，为依法防控外来生物提供有力的法律保障。另外，需要建立外来有害生物的风险评估机制，要建立外来生物入侵治理预案，预先制订应对措施，以便快速应对外来入侵物种，采取有效措施，将其危害降至最低。

同时也需要加强物流业的管理工作，把好海关口岸的动植物检疫关，加强国外引种的监管力度；需要做好宣传工作，加强全民教育，提高公众防范意识，例如不能随意放生等，减少对外来有害生物的有意、无意引入，确保人类健康和生态的安全。

与社会的联系

　　《中华人民共和国进出境动植物检疫法》第五条规定，国家禁止下列各物进境：（1）动植物病原体（包括菌种、毒种等）、害虫及其他有害生物；（2）动植物疫情流行的国家和地区的有关动植物、动植物产品和其他检疫物；（3）动物尸体；（4）土壤。口岸动植物检疫机关发现上述禁止进境物时，会作退回或者销毁处理。

第 7 章
地方特色动植物研究

　　动植物资源是人类社会发展的重要资源，人类的物质生活和精神生活都离不开动植物资源。各地方的特色野生动植物不仅具有重要的经济、科学、生态、文化和美学等价值，也大大丰富了人类的生活。

　　你了解自己所在地的特色动植物类型吗？导致当地濒危野生动植物数量下降的原因是什么？怎么合理配置和利用野生动植物资源呢？

保护野生生物资源
就是保护人类自己！
保护生物的多样性
就是保护地球家园！

云南省动植物分类

云南省地处低纬度高原，地形极其多样，有高山、丘陵、河谷、盆地等；气候类型众多，有亚热带高原季风气候、温带型气候、寒冷型气候和低热河谷气候等多样的环境，导致在这里有着十分丰富的物种，各类物种数目接近或超过全国半数，珍稀动植物资源丰富，居全国榜首。

云南省动植物多样性

云南省面积仅占全国的4.1%，但生态系统的类型及生物种类等都在国内名列前茅。

云南被称为"植物王国"，据《云南省生物物种名录（2016版）》记载，高等植物有19365种，约占全国高等植物物种总数的50.2%。其中苔藓植物有1906种，约占全国苔藓植物物种总数的65.0%；

赤链蛇

短吻鳄

苏铁

凤凰木

蕨类植物有1363种，约占全国蕨类植物总数的54.5%；裸子植物有127种，约占全国裸子植物物种总数的41.4%；被子植物有15969种，约占中国被子植物物种总数的48.6%。

云南野生动物丰富度同样居全国之首。据《云南省生物物种名录（2016版）》记载，云南有脊椎动物2242种（不包含31个外来物种），占全国脊椎动物物种总数的51.4%。其中鸟类945种，约占全国鸟类物种总数的68.8%；哺乳类有313种，约占全国哺乳类物种总数的46.4%；爬行类209种，约占全国爬行类物种总数的45.1%；两栖类189种，约占全国两栖类物种总数的46.1%。

云南省珍稀动植物

　　云南省在南北间距不过900千米的土地上，有北热带、南亚热带、中亚热带、北亚热带和南温带、中温带及高原气候区的七种气候类型，在这种多样化的特殊自然环境条件下，孕育了大量的珍稀动植物。

　　云南珍稀动物有亚洲象、滇金丝猴、云豹、花面狸、独龙牛、黄胸织布鸟、凤头潜鸭、紫沙蛇、云南臭蛙、统帅青凤蝶等。

独龙牛

亚洲象

　　滇金丝猴仅分布在中国川、滇、藏三省区交界处，喜马拉雅山南缘横断山系的云岭山脉当中澜沧江和金沙江之间的一个狭小地域。它们的头顶长有尖形黑色冠毛，眼周和吻鼻部青灰色或肉粉色，鼻端上翘呈深蓝色。滇金丝猴身体背侧、手足和尾均为灰黑色，背后具有灰白色的稀疏长毛。同时，身体腹面、颈侧、臀部及四肢内侧均为白色。

滇金丝猴

　　云南珍稀植物有陈氏苏铁、珙桐、滇藏榄、红河苏铁、华盖木、麻栗坡兜兰、巧家五针松、望天树、文山红柱兰等。

　　华盖木是一种常绿大乔木，高可达40米，仅分布于云南局部地区海拔1300～1500米的山坡上部向阳的沟谷潮湿山地。华盖木起源于1.4亿年前，是木兰科中最古老的单属种植物之一，因其树干挺直光滑、树冠巨大而得名。

　　为保护珍稀植物，1989年，云南省公布了第一批省级重点保护野生植物名录，其中部分植物在云南省的分布见本书附录。

动植物丰富度的调查方法

» 植物丰富度调查

了解不同区域的植物种类、分布格局和生态习性，可为植物保护、资源利用和生态建设提供科学依据，野生植物丰富度调查可利用样方法、样线法和全查法等。

样方法是指在样地上设立一定数量的样方，对样方中的物种进行全面调查研究的方法。样线法是指调查者按一定路线行走，调查记录路线左右一定范围内出现的物种。全查法是直接调查统计调查区域内物种的全部个体。

利用样方法进行植物丰富度调查时，需注意样地的布局要尽可能全面，要分布在整个调查地区内的各代表性地段及代表类群，避免在一些地区产生漏空，要注意样方的代表性、随机性以及可行性；同时，也要注意被调查区域的不同地段的生境差异，如山脊、沟谷、坡向、海拔等。

对于物种丰富、分布范围相对集中、分布面积较大的地段可采取样方法。对于物种不十分丰富、分布范围相对分散，种群数量较多的区域宜采用样线法。对于物种稀少、分布面积小、种群数量相对较少的区域，宜采用全查法。

样方法的取样

动植物的生长与繁殖

云南有着大量的珍稀动植物，这些生物数量少，分布范围狭小。由于自身因素以及气候变化，再加上人为因素的影响，导致很多的珍稀动植物种群数量逐年减少，了解这些生物的生长繁殖特点，对于保护珍稀动植物、保护生物多样性具有重要意义。

需要特殊生境

大多数的濒危物种都是分布局限、生态要求严格、种群较小的物种，且其生境的破碎化会严重干扰种群生存。董棕是棕榈植物中最具特色的植物，在中国，董棕主要稀疏分布于云南与老挝、缅甸、越南交界的边境线一带。

在20世纪90年代末期，董棕被评定为国家二级保护植物，现已成为濒危物种。董棕大都发现于石灰岩山地、岩石裸露度大的山坡、溪边、陡坡等自然干扰常发生的生境中，大多数物种在这样的生境中难以生存。董棕在这种生境中正好避免了与其他物种的竞争，所以这种特殊生境有利于董棕的更新和种群维持。

黑颈鹤，国家一级重点保护野生动物，其主要越冬地是云贵高原，分布在云南省寻甸回族彝族自治县、昭通市大山包等地，栖息于海拔2500～5000米的高原沼泽地、湖泊及河滩等湿地环境，喜食植物叶、根茎、块茎、水藻、玉米等，也吃昆虫、蛙、小鱼等动物性食物。

黑颈鹤

繁殖力低下

濒危动植物常常在自然条件下繁殖力较低，这是限制其种群数量增长的重要因素。

珙桐的种子败育现象明显。珙桐的果核壁厚而坚硬，随机抽取50个果核破碎取内果皮统计种子数和败育数，多数仅有1～3枚种子发育成熟，很少有5枚及以上种子成熟的果核，整个果实中一枚种子都没有的高达8%。大多数胚发育到一定时间后便停止生长，所以珙桐种子发芽率低。再加上其种子外壳十分坚硬，林下枯枝落叶厚，种子落地后很难发芽，即使发芽也由于林下阳光不充足导致很难成苗。

云南红豆杉为濒危种主要受繁殖障碍影响，红豆杉属植物均为雌雄异株，在林分内呈星散分布，其花色不鲜艳，无香味，且因生长于林分下层的阴湿环境，通风不畅，故其植株受粉受精不良，致使雌株结实少或种胚发育不完全，种子发芽率低。

珍稀哺乳动物如亚洲象等，因妊娠时间长、产子数少且繁殖率低，是其濒危的原因之一。雌象是哺乳动物中孕期最长的，18～22个月才可以产下1头小象，幼象会跟随母象及其象群多年，直至10～15岁时达到性成熟。

人为因素干扰

人为因素已经是影响濒危动植物种群数量的最重要的因素。云南红豆杉常被采伐制作农具或用于建筑，采剥树皮提取紫杉醇等，其上层林木的采伐破坏了云南红豆杉的生境。此外，森林火灾以及过度放牧导致牲畜践踏苗木或采食幼苗、树木嫩茎叶等诸如此类的人为活动，影响了云南红豆杉种群的延续和扩大。

在全球范围内，灵长类种群衰退的主要原因是人类的活动使其栖息地被破坏和被人类捕杀。滇金丝猴也不例外，几乎所有猴群都承受着生境丧失、破碎和人类捕杀的巨大生存压力。

每一个物种的濒危并非由单个方面的因素所造成，而是多个方面因素共同作用的结果，只是不同情况下各因素所占比重不同而已。对濒危原因不同的动植物，应采取针对性的保护措施；对繁殖力较低的物种，可通过人工方法扩大其种群数量；对生境不适的物种，可采取迁地保护的方法，但在迁地保护时，注意引种地与原生地之间的气候差异；对受人为干扰较大的物种，应加强监督管理，提高人们对濒危动植物保护的意识。

动植物资源的开发和利用

云南省有滇金丝猴、红豆杉、珙桐等各种各样的珍稀动植物，有着丰富的动植物资源。对于丰富多样的野生动植物资源，要科学合理地利用和保护，才能使其循环被利用并可持续发展。

植物资源的开发和利用

» 油料植物

云南省已经成为全国重要的油料基地，油料作物有核桃、油茶、澳洲坚果、油橄榄、油桐、膏桐等。

油茶在云南省已有1000多年栽培历史，目前主栽品种是白花油茶和腾冲红花油茶，现已开发出高品质系列山茶油、山茶调和油、护肤油等产品。

核桃产业已成为云南省涉及面广且极具发展潜力的高原特色优势产业，核桃产品类型有核桃壳果、仁、乳、油、蛋白粉、工艺品、染发剂等。

核桃

» 香料植物

云南优越的自然环境，孕育了多种多样的香料植物，特别是香料树种。世界上绝大多数香料植物，都能在云南发现或找到适宜引种栽培的环境。

用于制香精的主要植物品种有蓝桉树、天竺葵、香茅草、薄荷等；香辛（调味品）香料植物主要品种为八角、草果、小黄姜、花椒等；野生香料品种主要有樟树、冬青、清香木、树苔、木姜子和芸香木等；以及菱叶芸香草、狭叶阴香、勐海樟和毛脉树等具有独特化学成分的香料植物资源。

依兰香为番荔枝科乔木，高 15～20 米，是名贵的热带木本香料作物，其花具浓郁香味，可提取依兰香油和卡南加油，是配制高级香精及制作化妆品的香料之一。西双版纳景洪、橄榄坝、勐仑等地早有栽培，并建立了生产基地。

» 药用植物

云南省素有"药材之乡"的美誉，是我国天然药物和民族医药资源最丰富的省份。据统计，天然药物资源遍布全省16州（市）。药用植物种类多达5000余种，中药材资源有6500余种，占全国中药材资源的51.2%。

通过开展人工栽培和特色濒危药材良种繁育，建成滇东南三七、滇东北天麻、滇西北高山药材、滇中民族药道地药材和滇西南南药特色药材五大种植基地，尤以三七、重楼、砂仁等中药材种植面积较为广泛，其中道地中药材灯盏花、三七产量方面，更是占全国总量的90%以上。云南白药、云南

柠檬草

香樟树

清香木

天竺葵

重楼

白药牙膏、灯盏花药剂、三七饮片系列等产品销量在全国同类产品中名列前茅。

　　云南省的植物资源除了对油料作物、香料植物和药用植物的开发和利用外，还有观赏植物、森林康养业、特色物种开发等。

银杏

夏威夷果

小粒咖啡

动物资源的开发和利用

» 药用动物

中国是使用动物药材最多的国家，而云南省是药用动物的宝库，主要包括药用哺乳动物（如黑熊、水獭、林麝等）、药用两栖类动物（如蟾蜍科、林蛙属的部分种等）、药用爬行动物（如银环蛇、蕲蛇及龟鳖目的部分种等）。

水鹿也是一种药用动物，云南省是我国水鹿的主要分布区。云南省水鹿野生种类以西双版纳稍多，红河、普洱、临沧、德宏、保山、怒江、迪庆等地均有分布，但数量稀少，被列为我国二级保护动物。水鹿的人工饲养在云南省已有数十年历史，其全身都是宝，鹿茸、鹿血均可入药，具有极高的经济价值。

» 实验动物资源利用

随着科学技术的发展和科研探索、医学研究和实验的需要，人类对实验动物的需求在逐渐增加。

我国有灵长类动物22种，云南省分布有蜂猴、倭蜂猴等12种，实验用猕猴是目前生产脊髓灰质炎疫苗的必需动物；树鼩是研究肿瘤的良好医学模型；啮齿类中的松鼠科、仓鼠科和鼠科中的许多种类主要用于肿瘤和细胞学的研究。

动物资源除了传统的药用、医用以外，还可用于生产香料，如黄鼬、小灵猫等；生产羽毛，如鹭类、鹰类、鸭类等；生产皮革，如牛、羊等。

动物资源的开发和利用应注意的问题

对野生动植物生存区域的保护要坚持以"合理开发"为准则，要防止乱砍滥伐和滥捕滥杀等，要加强各项监管工作。

对那些珍稀濒危物种，可采用现代生物科技手段进行人工繁育，以保证不会出现灭绝以及大量减少的情况。由于人类的过度利用，许多动植物资源的主要繁衍和栖息地都已经遭到了严重的破坏，为实现可持续发展，我们也可采取异地保护和人工驯化的方式，保障种群的发展和繁衍。

現实生物生活应用

对群众加大保护野生动植物的宣传教育力度，在保护野生动植物的宣传教育中需要运用更为丰富的形式，从而强化人们保护野生动植物的意识。

大熊猫

探究·实践

用样方法调查某一样地的植物丰富度

样方法是估算植物种群密度常用的方法，也可用于调查植物物种的丰富度，样方面积的选取可依据物种多样性来确定。一般森林样方面积设为400～900平方米，然后再在样方的四个角和对角线交叉点设立灌木和草本小样方；灌木类型的样方面积通常设为25～100平方米；草本样方的面积通常设为1～4平方米。

提出问题

选择本地林地，确定要探究的问题。

制订计划

1.确定调查时间。

2.讨论需要使用的材料用具，准备好材料用具。

3.确定具体的行动路线和作业。

实施计划

1.准备：来到具体调查地点后，先初步观察地形地貌，分析是否存在安全隐患，制订安全措施。

2.确定样方：观察地段形状和植物大致的分布情况，确定样方的数量和位置。

3.计数：准确记录不同面积样方内的植物名称和数量，遇见不认识的植物，可详细记录该植物的形态特征并拍照存档，或采集标本进行进一步的鉴定。

4.数据统计：得出调查的结果。

得出结论

分析调查结果，书写调查报告。

讨论

1.比较不同小组的调查结果，同样面积的样方，植物种类一样多吗？

2.比较各小组对同一林地植物丰富度的调查结果，就发现的问题进行讨论。

动物丰富度调查

动物丰富度的调查方法有野外考察法、DNA分析法、过滤法等。

野外考察法是在确定的调查范围内进行实地观察采样，借助望远镜、红外照相机等电子设备，通过目测观察、摄像监控、声纹录音等方式，记录动物的形态特征、觅食生境、食物种类、数量等信息，同时可开展动物标本采集，为后续分类和鉴定提供依据。红外相机利用红外辐射技术捕捉动物身体发出的热辐射，从而在暗夜或低光环境下拍摄它们的身影，这一技术不会干扰动物活动，为野生动物研究、保护和监测提供了有力工具。

DNA分析法是通过采集动物的羽毛、毛发、血液、粪便等样品，提取其中的DNA，通过分子生物学相关技术进行分析和鉴定。

过滤法是通过放置一定数量的过滤装置，收集浮游动物、底栖动物、鱼类等水生生物，进而展开调查。

白孔雀

蓝孔雀

滇金丝猴

附录

云南省重点保护野生植物名录

序号	中文名	学名	备注
	石松类和蕨类植物		
	翼盖蕨科	Didymochlaenaceae	
1	翼囊蕨	*Didymochlaena sinuosa*	
	水龙骨科	Polypodiaceae	
2	扇蕨	*Neocheiropteris palmatopedata*	
	裸子植物		
	松科	Pinaceae	
3	蓑衣油杉	*Keteleeria evelyniana* var. *pendula*	
	被子植物		
	睡莲科	Nymphaeaceae	
4	茈碧莲*	*Nymphaea tetragona*	
	木兰科	Magnoliaceae	
5	显脉木兰	*Magnolia phanerophlebia*	
6	亮叶木莲	*Manglietia lucida*	
7	卵果木莲	*Manglietia ovoidea*	
8	粉背含笑	*Michelia glaucophylla*	
9	鼠刺含笑	*Michelia iteophylla*	
10	壮丽含笑	*Michelia lacei*	
11	盖裂木	*Talauma hodgsonii*	
12	滇藏玉兰	*Yulania campbellii*	
	番荔枝科	Annonaceae	
13	云南澄广花	*Orophea yunnanensis*	
14	疣叶暗罗	*Polyalthiopsis verrucipes*	
15	征镒木	*Wuodendron praecox*	

续表

序号	中文名	学名	备注
	樟科	Lauraceae	
10	云南樟	*Camphora glandulifera*	
17	长柄北油丹	*Alseodaphnopsis petiolaris*	
	兰科	Orchidaceae	
18	麻栗坡杜鹃兰	*Cremastra malipoensis*	
19	盈江卷瓣兰	*Bulbophyllum yingjiangense*	
20	蝴蝶兰属所有种（国家二级保护植物罗氏蝴蝶兰、麻栗坡蝴蝶兰、华西蝴蝶兰除外）	*Phalaenopsis* spp.	仅指狭义蝴蝶兰属植物
21	万代兰属所有种（国家二级保护植物大花万代兰除外）	*Vanda* spp.	
22	槽舌兰属所有种	*Holcoglossum* spp.	
	棕榈科	Arecaceae	
23	贡山棕榈	*Trachycarpus princeps*	
	芭蕉科	Musaceae	
24	瑞丽芭蕉*	*Musa ruiliensis*	
	姜科	Zingiberaceae	
25	蒙自砂仁	*Amomum mengtzense*	
	禾本科	Poaceae	
26	独龙江空竹	*Cephalostachyum mannii*	
27	御香竹	*Chimonocalamus cibarius*	
	罂粟科	Papaveraceae	
	贡山绿绒蒿	*Meconopsis smithiana*	
	防己科	Menispermaceae	
29	天仙藤	*Fibraurea recisa*	
	豆科	Fabaceae	
30	缅北山黑豆	*Dumasia prazeri*	
	胡颓子科	Elaeagnaceae	
31	竹生羊奶子	*Elaeagnus bambusetorum*	

续表

序号	中文名	学名	备注
	桑科	Moraceae	
32	贡山波罗蜜	*Artocarpus gongshanensis*	
33	见血封喉	*Antiaris toxicaria*	常用别名"箭毒木"
	壳斗科	Fagaceae	
34	毛脉青冈	*Cyclobalanopsis tomentosinervis*	
35	麻栗坡栎	*Quercus marlipoensis*	
36	轮叶三棱栎	*Trigonobalanus verticillata*	
37	长果柯	*Lithocarpus longinux*	
	胡桃科	Juglandaceae	
38	波氏山核桃	*Carya poilanei*	
39	越南山核桃	*Carya tonkinensis*	常用别名"东京山核桃"
	秋海棠科	Begoniaceae	
40	长果秋海棠*	*Begonia longicarpa*	
41	喙果秋海棠*	*Begonia rhynchocarpa*	
	堇菜科	Violaceae	
42	毛蕊三角车	*Rinorea erianthera*	
	藤黄科	Clusiaceae	
43	大果藤黄	*Garcinia pedunculata*	
	大戟科	Euphorbiaceae	
44	希陶木	*Tsaiodendron dioicum*	
	橄榄科	Burseraceae	
45	滇马蹄果	*Protium yunnanense*	
	漆树科	Anacardiaceae	
46	杧果属所有种*（国家二级保护植物林生杧果除外）	*Mangifera* spp.	
	无患子科	Sapindaceae	
47	三裂槭	*Acer calcaratum*	

续表

序号	中文名	学名	备注
48	厚叶槭	*Acer crassum*	
49	滇藏槭	*Acer wardii*	
	芸香科	Rutaceae	
50	大翼厚皮橙*	*Citrus macroptera* var. *kerrii*	
	锦葵科	Malvaceae	
51	翅苹婆	*Pterygota alata*	
	龙脑香科	Dipterocarpaceae	
52	版纳青梅	*Vatica xishuangbannaensis*	
53	盈江柳桉	*Parashorea buchananii*	
	十字花科	Brassicaceae	
54	白马芥	*Baimashania pulvinata*	
	山柚子科	Opiliaceae	
55	尾球木	*Urobotrya latisquama*	
	蓝果树科	Nyssaceae	
56	八蕊单室茱萸	*Mastixia euonymoides*	
	报春花科	Primulaceae	
57	匍枝粉报春	*Primula caldaria*	
58	马关报春	*Primula chapaensis*	
59	总序报春	*Primula pauliana*	
	山茶科	Theaceae	
60	河口长梗茶	*Camellia hekouensis*	
61	长果核果茶	*Pyrenaria oblongicarpa*	
62	中越短蕊茶	*Camellia gilbertii*	
	安息香科	Styracaceae	
63	大叶茉莉果	*Parastyrax macrophyllus*	
64	西藏山茉莉	*Huodendron tibeticum*	
	杜鹃花科	Ericaceae	
65	钝头杜鹃	*Rhododendron farinosum*	
66	长梗杜鹃	*Rhododendron longipedicellatum*	

续表

序号	中文名	学名	备注
67	羊毛杜鹃	*Rhododendron mallotum*	
68	阔叶杜鹃	*Rhododendron platyphyllum*	
00	昭通杜鹃	*Rhododendron tsaii*	
70	红马银花	*Rhododendron vialii*	
	木樨科	Oleaceae	
71	红河素馨	*Jasminum honghoense*	
	苦苣苔科	Gesneriaceae	
72	弥勒苣苔	*Oreocharis mileensis*	
73	大花石蝴蝶	*Petrocosmea grandiflora*	
	玄参科	Scrophulariaceae	
74	腺叶醉鱼草*	*Buddleja delavayi*	
75	无柄醉鱼草*	*Buddleja sessilifolia*	
	唇形科	Lamiaceae	
76	短蕊大青	*Clerodendrum brachystemon*	常用别名"短蕊茉莉"
	紫金牛科	Myrsinaceae	
77	粗茎紫金牛	*Ardisia dasyrhizomatica*	

注：1. 标*者归农业农村主管部门管理（共1属加7种），其他归林业草原主管部门分工管理（共3属加66种）。

2. 本名录物种名称参考《中国生物物种名录（植物卷）》，同时参考我国目前最新分类学和系统学研究成果。

3. 本名录所保护对象指《中华人民共和国野生植物保护条例》定义的野生植物。

参考文献

[1] 中国营养协会.中国居民膳食指南[M].北京:人民卫生出版社,2022.

[2] 王庭槐.生理学 [M].北京:人民卫生出版社,2018.

[3] 陶红亮.这样运动最健康 [M].长春:吉林科学技术出版社,2017.

[4]《中国心血管健康与疾病报告 2022》编写组.《中国心血管健康与疾病报告 2022》要点解读[J].中国心血管杂志,2023,28(4):297-312.

[5] 王晓平.被动物咬伤或抓伤怎么办[N].教育导刊,2005.

[6] 王江黎.比溺水更可怕的是盲目施救[N].西安日报,2023.

[7] 高婷婷.高中"传染病与防控"校本课程开发研究[D].哈尔滨:哈尔滨师范大学,2019.

[8] 崔红欣,李春玲,高兴娟,等.中小学生健康素养在学校传染病防控中的重要性分析[J].医学动物防制,2023(2):178-181.

[9] 何李丽,张恒."双碳"目标下我国能源转型路径[J].上海节能,2023.(9):1285-1294.

[10] Devin E, Christensen,Barbie K, et al. Reconstitution and visualization of HIV-1 capsid-dependent replication and integration in vitro [J]. Science, 2020, 370(6513): eabc8420.

[11] 雷小政,闫姝月.患重大疾病未成年人监护问题的规范路径[J].学术研究,2024(1):70-78.

[12] 孙志鹏,杨磊.中国艾滋病社会科学研究的"新十年"[J].卫生软科学,2024,38(2):1-4.

[13] 吴金玉.我国人体器官捐赠法律问题研究[D].兰州:西北师范大学,2023.

[14] 郑新新,张蕾,胡娇.人类传染病与动物的关系研究[J].养殖与饲料,2021,20(5):137-139.

[15] 王晓林.我国动物福利面临的问题及应对策略[J].中国猪业,2017,12(7):56-58.

[16] 黄雯怡.我国实验动物福利的发展和未来展望[J].畜牧与兽医,2023,55(12):145-149.

[17] 贾幼陵.动物福利概论[M].北京:中国农业出版社,2017.

[18] 巴哈提古丽.生物入侵对生态环境的影响及防控对策[J].内蒙古林业科技,2011,37(1):58-61.

[19] 邓素炎,郭雯,温雯雯,等.水体富营养化及物种入侵对湖泊食物网的影响研究——以星云湖为例[J].中国环境科学,2024,44(2):932-943.

[20] 舒长斌,刘俊豆.四川省主要外来入侵有害生物危害及防除策略[J].四川农业与农机,2014(4):31-32.

[21] 张良实,李甜江,陆斌,等.云南动植物资源综合利用研究[C].云南省林业和草原科学院.生物多样性研究.2021:300-306.

[22] 李莲芳,周云,王达明.云南红豆杉的濒危成因剖析[J].西部林业科学,2005(3):30-34.

[23] 陆霞.中国云南珍稀濒危植物董棕的森林类型、结构及更新动态[D].昆明:云南大学,2021.